ローマ字・かな対応

本書では、ローマ字入力で解説を行っています。ローマ字入力がわからなくなったときは、こちらの対応表を参考にしてください。

※Microsoft IME の代表的な入力方法です。

あ行	あ	い	う	え	お
	A	I	U	E	O
	ぁ	ぃ	ぅ	ぇ	ぉ
	LA	LI	LU	LE	LO
	うぁ	うぃ		うぇ	うぉ
	WHA	WHI		WHE	WHO

か行	か	き	く	け	こ
	KA	KI	KU	KE	KO
	が	ぎ	ぐ	げ	ご
	GA	GI	GU	GE	GO
	きゃ	きぃ	きゅ	きぇ	きょ
	KYA	KYI	KYU	KYE	KYO
	ぎゃ	ぎぃ	ぎゅ	ぎぇ	ぎょ
	GYA	GYI	GYU	GYE	GYO

さ行	さ	し	す	せ	そ
	SA	SI	SU	SE	SO
	ざ	じ	ず	ぜ	ぞ
	ZA	ZI	ZU	ZE	ZO
	しゃ	しぃ	しゅ	しぇ	しょ
	SYA	SYI	SYU	SYE	SYO
	じゃ	じぃ	じゅ	じぇ	じょ
	JYA	JYI	JYU	JYE	JYO

た行	た	ち	つ	て	と
	TA	TI	TU	TE	TO
	だ	ぢ	づ	で	ど
	DA	DI	DU	DE	DO
	てゃ	てぃ	てゅ	てぇ	てょ
	THA	THI	THU	THE	THO
	でゃ	でぃ	でゅ	でぇ	でょ
	DHA	DHI	DHU	DHE	DHO
	ちゃ	ちぃ	ちゅ	ちぇ	ちょ
	TYA	TYI	TYU	TYE	TYO
	ぢゃ	ぢぃ	ぢゅ	ぢぇ	ぢょ
	DYA	DYI	DYU	DYE	DYO
			っ		
			LTU		

な行	な	に	ぬ	ね	の
	NA	NI	NU	NE	NO
	にゃ	にぃ	にゅ	にぇ	にょ
	NYA	NYI	NYU	NYE	NYO

は行	は	ひ	ふ	へ	ほ
	HA	HI	HU	HE	HO
	ば	び	ぶ	べ	ぼ
	BA	BI	BU	BE	BO
	ぱ	ぴ	ぷ	ぺ	ぽ
	PA	PI	PU	PE	PO
	ひゃ	ひぃ	ひゅ	ひぇ	ひょ
	HYA	HYI	HYU	HYE	HYO
	びゃ	びぃ	びゅ	びぇ	びょ
	BYA	BYI	BYU	BYE	BYO
	ぴゃ	ぴぃ	ぴゅ	ぴぇ	ぴょ
	PYA	PYI	PYU	PYE	PYO
	ふぁ	ふぃ		ふぇ	ふぉ
	FA	FI		FE	FO

ま行	ま	み	む	め	も
	MA	MI	MU	ME	MO
	みゃ	みぃ	みゅ	みぇ	みょ
	MYA	MYI	MYU	MYE	MYO

や行	や		ゆ		よ
	YA		YU		YO
	ゃ		ゅ		ょ
	LYA		LYU		LYO

ら行	ら	り	る	れ	ろ
	RA	RI	RU	RE	RO
	りゃ	りぃ	りゅ	りぇ	りょ
	RYA	RYI	RYU	RYE	RYO

わ行	わ		を		ん
	WA		WO		NN

おすすめショートカットキー

ショートカットキーとは、そのキーを押すことで、マウスを動かすことなくパソコンの操作を行うことのできるキーです。覚えておくと操作が早くなるので便利です。「　⊞　＋　↑　」と書いてある場合は、⊞ キーを押したままの状態で、↑ キーを押します。

デスクトップ画面で使えるショートカットキー

⊞	スタートメニュー（スタート画面）の表示・非表示を切り替えます。
⊞ ＋ ↑	デスクトップ画面のウィンドウを最大化します。
⊞ ＋ ↓	デスクトップ画面のウィンドウを最小化します。
⊞ ＋ D し	デスクトップ画面の表示・非表示を切り替えます。
⊞ ＋ I に	設定画面を表示します。
⊞ ＋ Q た	検索画面を表示します。
Alt ＋ Tab	デスクトップ画面で使っているウィンドウを切り替えます。
Alt ＋ F4	ウィンドウを閉じます。

多くのアプリケーションで共通に使えるショートカットキー

 選択したものをコピーします。

 選択したものを切り取ります。

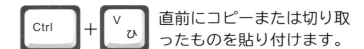 直前にコピーまたは切り取ったものを貼り付けます。

 ファイルを上書き保存します。

 印刷画面を表示します。

 直前に行った操作を取り消します。

 新しいファイルを開きます。

F12 ファイルに名前を付けて保存します。

大きな字でわかりやすい

わかりやすい

パソコン入門

ウィンドウズ 11 対応版

AYURA 著

技術評論社

本書の使い方

本書の各セクションでは、手順の番号を追うだけで、パソコンの各機能の使い方がわかるようになっています。

このセクションで使用する基本操作の参照先を示しています

基本操作を赤字で示しています

上から順番に読んでいくと、操作ができるようになっています。解説を一切省略していないので、迷うことがありません！

操作の補足説明を示しています

Section 06 ウィンドウの大きさを変えよう

ウィンドウは、デスクトップいっぱいに広げたり、小さくしたりと大きさを自由に変えることができます。自分が作業しやすい大きさに変えましょう。

操作に迷ったときは… ｜ 左クリック **19**ページ ｜ ドラッグ **20**ページ

ウィンドウをデスクトップいっぱいに広げよう

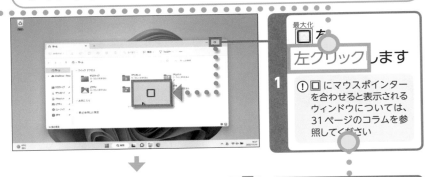

最大化
□ を左クリックします

1 ① □ にマウスポインターを合わせると表示されるウィンドウについては、31ページのコラムを参照してください

2 ウィンドウがデスクトップ画面いっぱいに広がりました

3 元に戻す □ を左クリックすると、もとの大きさに戻ります

28

以下のほか、操作の補足や参考
情報として、コラム（解説、Column）
を掲載しています

ウィンドウを小さくしよう

1 ウィンドウの角に
ポインター
　を移動します

① ポインターの形が　に
　変わります

小さくて見えにく
い部分は、••••▶
を使って拡大して
表示しています

2 そのまま目的の
大きさになるま
でドラッグします

ドラッグする部分
は、••••▶で示し
ています

3 目的のサイズに
なったら、
マウスのボタン
を離します

4 ウィンドウが
小さくなりました

右下にドラッグすると、
ウィンドウが大きくなります

ほとんどのセク
ションは、2ペー
ジでスッキリと終
わります

おわり

29

3

大きな字でわかりやすいパソコン入門 ウィンドウズ11対応版

第2章　キーボードで文字を入力しよう　34

付録

ご注意：ご購入・ご利用の前に必ずお読みください

● 本書は、OSとしてWindows 11を対象にしています。

● 本書に記載された内容は、情報の提供のみを目的としています。したがって、本書を用いた運用は、必ずお客様自身の責任と判断によって行ってください。これらの情報の運用の結果について、技術評論社および著者はいかなる責任も負いません。

● ソフトウェアに関する記述は、特に断りのない限り、2022年12月現在での最新バージョンをもとにしています。ソフトウェアはバージョンアップされる場合があり、本書での説明とは機能内容や画面図などが異なってしまうこともあり得ます。あらかじめご了承ください。

● 本書の内容については、以下のOSおよびWebブラウザー、スマートフォンのOSにもとづいて操作の説明を行っています。これ以外のOSおよびWebブラウザーでは、手順や画面が異なるため、本書では対応していません。あらかじめご了承ください。
　　Windows 11
　　Microsoft Edge
　　iOS 16.2

● インターネットの情報については、アドレス (URL) や画面などが変更されている可能性があります。ご注意ください。

以上の注意事項をご承諾いただいた上で、本書をご利用願います。これらの注意事項をお読みいただかずにお問い合わせいただいても、技術評論社および著者は対応しかねます。あらかじめご承知おきください。

第1章

パソコンの基本を覚えよう

ここでは、パソコンの基本をひととおり覚えることができます。まず、パソコンの起動と終了方法、マウスの使い方を確認しましょう。さらに、デスクトップやスタートメニュー、ウィンドウやタスクバーのしくみなど、パソコンを使ううえでの基本的な機能を理解しましょう。

この章でできるようになること

マウスをスムーズに使えます！　→ 16〜21ページ

パソコンの操作にはマウスが欠かせません。
持ち方からまぎらわしい動かし方まで、丁寧に説明します

パソコンの画面のしくみがわかります！　→ 14、22ページ

デスクトップ画面と
スタートメニューに
ついて解説します

ウィンドウのしくみがわかります！　→ 24〜31ページ

アプリなどの画面を
ウィンドウといいます。
しくみや動かし方を
マスターしましょう

パソコンの電源を入れよう

パソコンの電源を入れて、パソコンを使えるようにすることを「パソコンを起動する」といいます。はじめに、パソコンを起動しましょう。

操作に迷ったときは… 左クリック **19** ページ 入力 **40** ページ

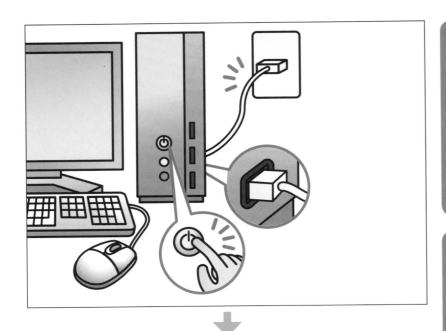

ロック画面は、
他人にパソコンを操作されないように
管理するための画面です

0:00
10月1日 (土)

1 パソコンの電源ボタンを押します

ⓘ ⏻ マークが電源ボタンを示しています

2 ウィンドウズが起動してロック画面が表示されました

ⓘ 設定によってはこの画面が表示されずに、すぐにパソコンが起動します

3 画面のどこかを左クリックします

ⓘ タッチ操作では、画面の下端から中央へ指を動かします

4 パスワードあるいはPINを入力する画面が表示されました

5 ここではPINを入力します

6 パソコンが起動しました

この画面を「デスクトップ画面」といいます

おわり

Column　パスワードとPIN

パソコンの起動時に使用するパスワードやPIN（4桁以上の数字）は、あとから変更することもできます。スタートメニューの「設定」を左クリックして「設定」ウィンドウを表示し、「アカウント」→「サインインオプション」の順に左クリックして設定します。

パソコンの画面を知ろう

パソコンの電源を入れて、ロック画面のあとに表示される画面を「デスクトップ画面」といいます。デスクトップ画面は、エクセルやワードなどのアプリ（ソフト）を利用したり、ファイル操作を行ったりするための画面です。

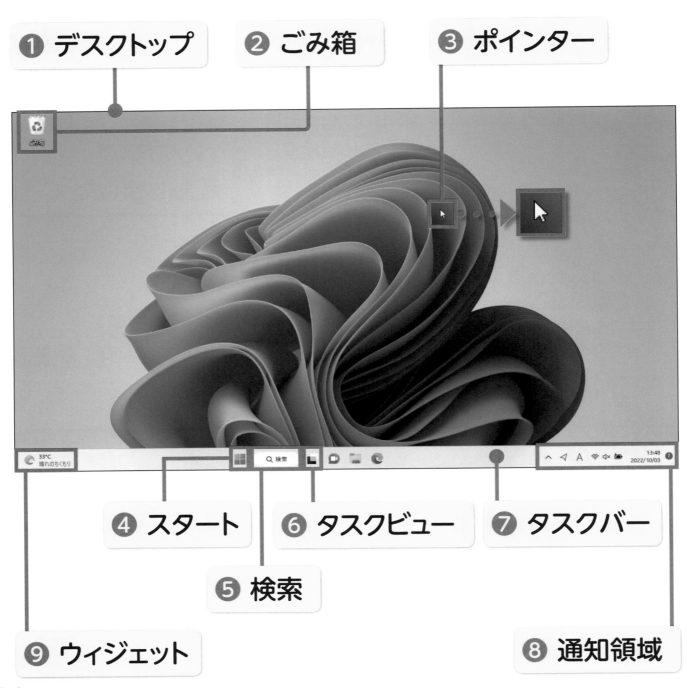

❶ デスクトップ

❷ ごみ箱

❸ ポインター

❹ スタート

❺ 検索

❻ タスクビュー

❼ タスクバー

❽ 通知領域

❾ ウィジェット

14

❶ デスクトップ

アプリのウィンドウなどを表示して、さまざまな操作を行う場所です。アプリのアイコンなどを置くこともできます。

❷ ごみ箱

削除したファイルやフォルダー（詳しくは第7章）は、「ごみ箱」の中に移動されます。「ごみ箱」の中からもとに戻すこともできます。

❸ ポインター

パソコンにさまざまな指示を与えます（18ページ参照）。ポインターは、マウスポインターやマウスカーソルとも呼ばれ、操作する内容に応じていろいろな形に変わります。

❹ スタート

左クリックすると、スタートメニュー（22ページ参照）が表示されます。

❺ 検索

キーワードを入力すると、パソコン内のファイルやアプリ、Web上の情報などを検索できます。

❻ タスクビュー

起動している複数のアプリをサムネイルで表示し、アプリを選択してすばやく切り替えることができます。

❼ タスクバー

操作中、または登録したアプリのアイコンが表示されます。アイコンを左クリックするとアプリが起動します。

❽ 通知領域

Wi-Fiや音量、入力モードなどのアイコン、現在の日時や通知情報が表示されます。

❾ ウィジェット

左クリックすると、天気予報やニュースなどリアルタイムの情報が表示されます。

おわり

マウスの使い方を身に付けよう

パソコンを操作するには、マウスを使います。マウスのしくみや正しい持ち方を覚え、マウスを実際に動かしてみましょう。マウスの基本操作は、移動／クリック／ダブルクリック／ドラッグです。

マウスのしくみを知ろう

マウスには、左右２つのボタンとホイールが付いています。

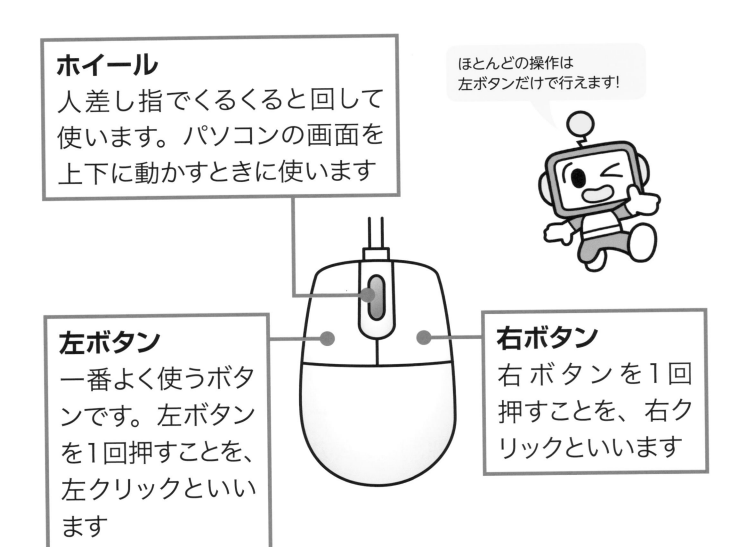

ホイール
人差し指でくるくると回して使います。パソコンの画面を上下に動かすときに使います

ほとんどの操作は
左ボタンだけで行えます!

左ボタン
一番よく使うボタンです。左ボタンを1回押すことを、左クリックといいます

右ボタン
右ボタンを1回押すことを、右クリックといいます

16

マウスの持ち方を覚えよう

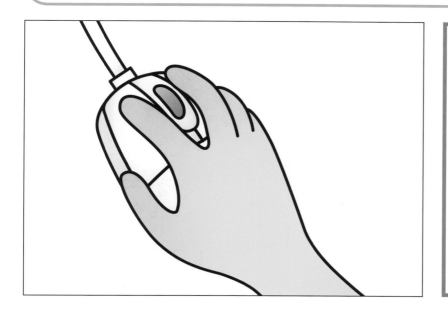

平らな場所にマウスを置き、手のひらで包むように持ちます。人差し指を左ボタンの上、中指を右ボタンの上に置きます

次へ ▶

Column ノートパソコンの場合

ノートパソコンでは、マウスのかわりにタッチパッドでも操作できます。マウスのボタンと同じ使い方ができますが、慣れないうちは使いにくいかもしれません。
最初は、マウスをつなげて使うことをおすすめします。

左ボタン　　　　　　右ボタン

ポインターを移動しよう

上下左右、斜め方向にマウスを動かすと、その動きに合わせて画面上の矢印（ 🖱 ）が移動します。この矢印を「ポインター」といいます。

マウスを右に動かすと、ポインターも右に移動します

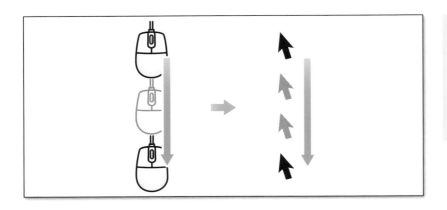

マウスを下に動かすと、ポインターも下に移動します

💻 マウスパッドの端に来てしまったときは

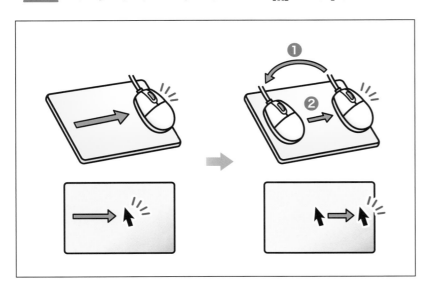

マウスをマウスパッド（または机）から浮かせて、左側に持っていきます❶。そこからまた右に移動します❷

クリックしよう

マウスを固定して左ボタンを1回押すことを「左クリック」といいます。右ボタンを1回押すことを「右クリック」といいます。

1 17ページの方法でマウスを持ちます

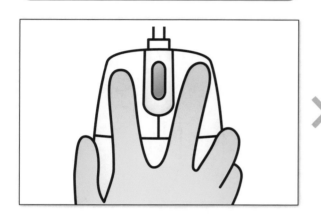

2 人差し指で左ボタンを軽く押します

カチッ

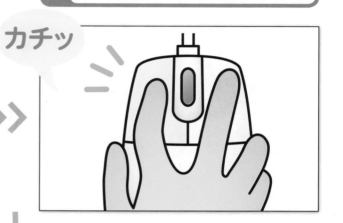

3 すぐにもとに戻します。左ボタンがもとの状態に戻ります

クリックは、ボタンを押してすぐに戻す操作です。押し続けてはいけませんよ

🖥 右クリックの場合

カチッ

同様に、右ボタンを押して戻すと、右クリックができます

次へ ▶

ドラッグしよう

マウスの左ボタンを押したままマウスを移動することを、「ドラッグ」といいます。移動中、ボタンから指を離さないように注意しましょう。

左ボタンを押したまま移動して…	指をもとに戻す

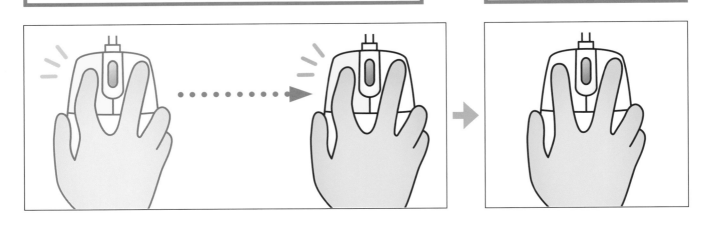

ダブルクリックしよう

マウスの左ボタンをすばやく２回続けて押すことを「ダブルクリック」といいます。「カチカチッ」と押すイメージです。

マウスを動かさないように固定しましょう

タッチ操作を利用しよう

タッチスクリーンに対応したパソコンでは、指で画面に直接触れてマウスと同じ操作を行うことができます。

タップ
対象を1回トンとたたきます（マウスの左クリックに相当）

ダブルタップ
対象をすばやく2回たたきます（マウスのダブルクリックに相当）

ホールド
対象を少し長めに押します（マウスの右クリックに相当）

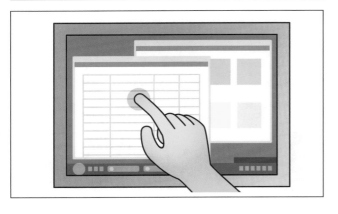

ドラッグ
対象に触れたまま、画面上を指でなぞり、上下左右に移動します

おわり

スタートメニューを表示しよう

アプリの起動やパソコンの設定、パソコンの終了などの操作を行うときは、スタートメニューを表示します。スタートメニューのしくみを覚えましょう。

操作に迷ったときは… ▷ 左クリック **19** ページ

スタートメニューを表示しよう

タスクバーの
スタート
■ を
左クリックします

1

スタート

Q 検索

2 スタートメニューが表示されました

Q 検索するには、ここに入力します

ピン留め済み   すべてのアプリ >

Excel   Edge   Word   PowerPoint   メール   カレンダー

Microsoft Store   フォト   設定   Xbox   Solitaire   Spotify

Netflix   To Do   ニュース   Picsart Photo Studio: Collage...   Twitter

おすすめ

はじめに
Windows セットアップ

タスクバー、スタートメニューの
色や表示内容は、
パソコンによって異なります

A 技術太郎

Q 検索

スタートメニューのしくみを知ろう

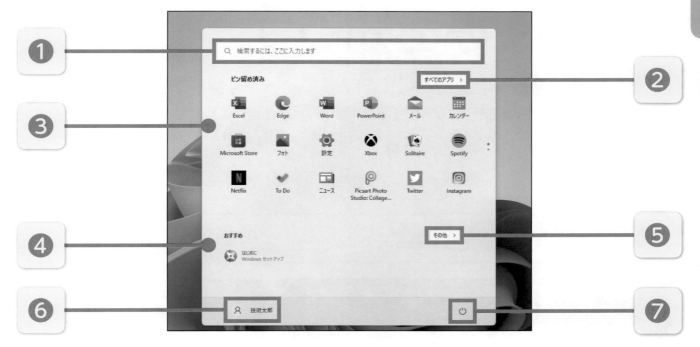

❶ 検索ボックス
パソコン内のアプリやその機能、インターネット上の情報などを検索できます。

❷ すべてのアプリ
インストールされているすべてのアプリを表示します。

❸ ピン留め済み
スタートメニューに固定（ピン留め）されているアプリや機能のアイコンが表示されます。

❹ おすすめ／履歴
最近インストール／使用したアプリやファイルが表示され、直接起動できます。

❺ その他
「おすすめ」に表示しきれないファイルを表示します。

❻ ユーザーアカウント
ウィンドウズのロック、サインアウト、アカウントの設定変更などを行います。

❼ 電源
パソコンを終了します。

おわり

23

ウィンドウとタスクバーのしくみを知ろう

アプリなどの画面を「ウィンドウ」と呼びます。ウィンドウを表示すると、タスクバーにそのウィンドウのアイコンが表示されます。

操作に迷ったときは… 左クリック **19** ページ

ウィンドウを表示しよう

1 タスクバーの エクスプローラー 🗂 を 左クリックします

2 「エクスプローラー」が起動してウィンドウが表示されました

「エクスプローラー」は、パソコン内のファイルやフォルダーを操作したり管理したりするためのアプリで、第7章で詳しく解説します

ウィンドウのしくみを覚えよう

ウィンドウの構成は、アプリによって異なりますが、ここでは「エクスプローラー」を例にして、ウィンドウのしくみを確認しましょう。

❶ ツールバー
ファイルやフォルダーに対してよく使う機能がアイコン表示されています（操作できる機能のみ濃く表示されます）。

❷ アドレスバー
現在開いているフォルダーの場所を表示します。

❸ 検索ボックス
ファイルやフォルダーをキーワードで検索できます。

❹ ナビゲーションウィンドウ
フォルダーの構成やパソコンに接続しているドライブなどを表示します。

❺ メインウィンドウ
選択したフォルダーやディスク内にあるフォルダーやファイルを表示します。

❻ 閉じる
ウィンドウを閉じます。

次へ ▶

ウィンドウとタスクバーのしくみを知ろう

アプリを起動すると、タスクバーに起動中のアプリのアイコンが表示されます。ウィンドウを最小化すると、ウィンドウがタスクバーに格納されます。もとに戻すには、タスクバーのアイコンを左クリックします。

1 アプリを起動すると、アイコンにマークが表示されます

2 最小化 ― を 左クリックします

3 ウィンドウがデスクトップ画面から消えました

ウィンドウは消えても、アプリは終了していません

4 タスクバーのアイコンを左クリックすると、ウィンドウが再び表示されます

ウィンドウを切り替えよう

デスクトップには複数のウィンドウを開いて作業を行うことができます。ウィンドウが重なったときは、タスクバーのアイコンを左クリックすると、切り替えることができます。

1 複数のウィンドウ
を開いています

2 隠れているウィン
ドウのアイコンを
左クリックします

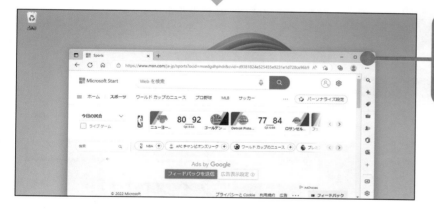

3 前面に
表示されました

おわり

Column タスクビューを利用して切り替える

タスクバーの「タスクビュー」■を左クリックして、前面に表示したいウィンドウを左クリックします。

ウィンドウの
大きさを変えよう

ウィンドウは、デスクトップいっぱいに広げたり、小さくしたりと大きさを自由に変えることができます。自分が作業しやすい大きさに変えましょう。

操作に迷ったときは… 左クリック **19** ページ ドラッグ **20** ページ

ウィンドウをデスクトップいっぱいに広げよう

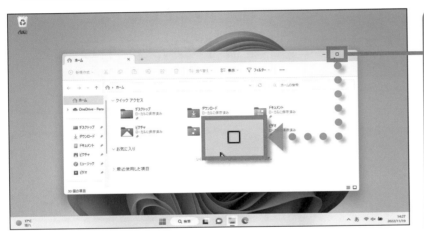

最大化
□ を
左クリックします

1

⚠ □ にマウスポインターを合わせると表示されるウィンドウについては、31ページのコラムを参照してください

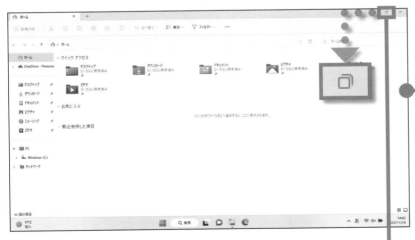

2 ウィンドウが
デスクトップ
画面いっぱいに
広がりました

元に戻す
🗗 を左クリック

3 すると、もとの
大きさに戻ります

ウィンドウを小さくしよう

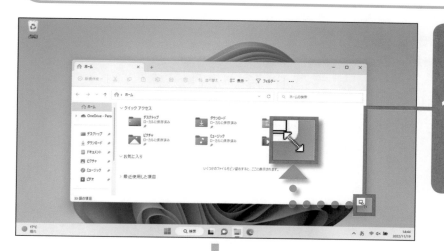

1 ウィンドウの角に
ポインター
🡤 を移動します

⚠️ ポインターの形が 🡤 に
変わります

2 そのまま目的の
大きさになるま
でドラッグします

3 目的のサイズに
なったら、
マウスのボタン
を離します

4 ウィンドウが
小さくなりました

右下にドラッグすると、
ウィンドウが大きくなります

おわり

ウィンドウを移動しよう

ウィンドウは、デスクトップ上で自由に移動することができます。ウィンドウの上部（タイトルバー）をドラッグして移動させます。

操作に迷ったときは… 左クリック **19** ページ ドラッグ **20** ページ

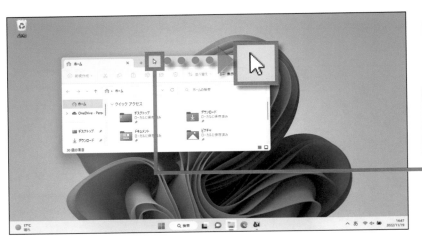

① ウィンドウのサイズを小さくしています（29ページ参照）

1 ウィンドウの上部（タイトルバー）に ポインター を移動します

2 そのまま移動したい場所までドラッグします

3 ウィンドウが移動しました

複数のウィンドウを表示しているときは、重なる部分が少なくなるように移動するとよいでしょう

おわり

Column ウィンドウの配置方法を変更する

ウィンドウズ11にあるスナップ機能は、複数のウィンドウを配置できます。ウィンドウ右上の ▢ または ▣ にマウスポインターを合わせて、表示されるパターンと配置を選択します。 ▢ を左クリックするともとに戻ります。

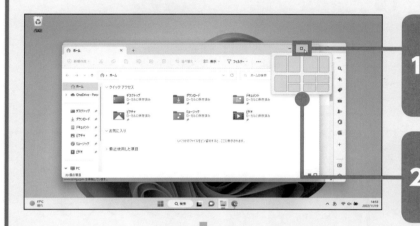

1 ▣ に ▷ポインター を合わせます

2 パターンと配置が表示されます

3 利用するパターンを左クリックします

⚠ 色の部分が現在のウィンドウの位置になります

4 ウィンドウが配置されました

Section 08 パソコンを終了しよう

パソコンを使い終わったら、終了しましょう。開いているウィンドウがある場合は、すべてのウィンドウを閉じてからパソコンの終了操作を行います。

操作に迷ったときは… > 左クリック **19** ページ

開いているウィンドウを閉じよう

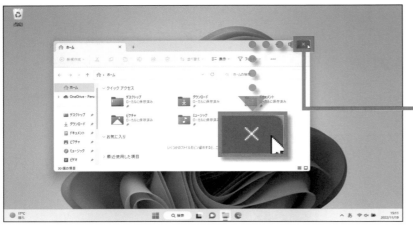

1
閉じる
☒を
左クリックします

⚠ すべてのウィンドウは、この方法で閉じることができます

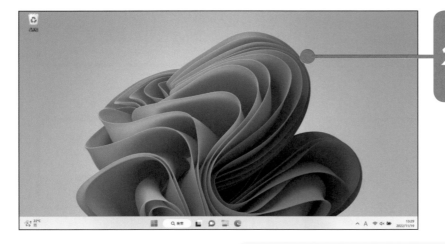

2 ウィンドウが
閉じました

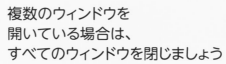
複数のウィンドウを
開いている場合は、
すべてのウィンドウを閉じましょう

パソコンを終了しよう

1 タスクバーの _{スタート}を左クリックして、スタートメニューを表示します

2 _{電源}を左クリックします

3 メニューが表示されました

4 シャットダウン を左クリックします

5 パソコンの電源が切れます

パソコンによっては、電源ボタンを押すことで終了できる場合もあります

おわり

第2章

キーボードで文字を
入力しよう

文字入力の基本を覚えることができます。キーボードのキーや操作方法、日本語入力のしくみを確認したあと、英数字やひらがな、カタカナ、漢字などを入力してみましょう。また、文字の選択やコピー・移動、改行、削除や挿入方法についても覚えましょう。

この章でできるようになること

キーボードをスムーズに使えます! → 36〜39ページ

よく使うキーの確認と、キーボードを効率よく操作よく操作するコツを覚えましょう。ポイントは手の置き方です

文字の入力や操作ができます! → 40〜63ページ

練習 - メモ帳

ファイル　編集　表示

すこやか早起きラジオ体操

毎朝、6時に中央公園にて開催しています。
振るってご参加ください。

入力モードのしくみや、
いろいろな文字の
入力方法、選択や、
コピーや移動、改行、
削除、挿入などの操作
について解説します

文書を保存することができます! → 64〜69ページ

作成した文書は
ファイルとして保存し
ておくことができます。
保存した文書は、
いつでも開いて利用で
きます

*タイトルなし - メモ帳

ファイル　編集　表示

新規	Ctrl+N
新しいウィンドウ	Ctrl+Shift+N
開く	Ctrl+O
保存	Ctrl+S
名前を付けて保存	Ctrl+Shift+S

よく使うキーを確認しよう

パソコンで文字を入力するには、キーボードを使います。キーの配列は、パソコンの種類によって多少異なります。ここでは、よく使うキーの名称と、キーに割り当てられた機能を確認しましょう。

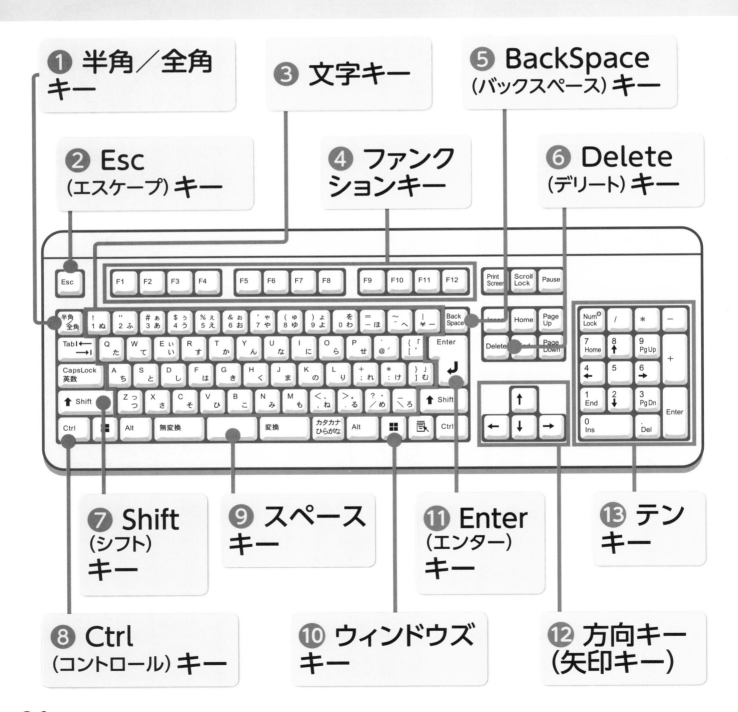

❶ 半角／全角キー

❷ Esc（エスケープ）キー

❸ 文字キー

❹ ファンクションキー

❺ BackSpace（バックスペース）キー

❻ Delete（デリート）キー

❼ Shift（シフト）キー

❽ Ctrl（コントロール）キー

❾ スペースキー

❿ ウィンドウズキー

⓫ Enter（エンター）キー

⓬ 方向キー（矢印キー）

⓭ テンキー

❶ 半角／全角キー

日本語入力モードと半角英数入力モードを切り替えます（41 ページ参照）。

❷ Esc（エスケープ）キー

入力した文字を取り消したり、選択した操作を取り消したりします。

❸ 文字キー

ひらがなや英数字、記号などの文字を入力します。

❹ ファンクションキー

それぞれのキーに、文字を入力したあとにカタカナに変換するなどの機能が登録されています。

❺ BackSpace（バックスペース）キー

|（カーソル）の左側の文字を消します。また、選択した文字を削除します。

❻ Delete（デリート）キー

|（カーソル）の右側の文字を消します。また、選択した文字を削除します。

❼ Shift（シフト）キー

英字の大文字やキーの左上に書かれた記号を入力するときに、このキーを押しながら文字キーを押します。

❽ Ctrl（コントロール）キー

ほかのキーと組み合わせて使います。

❾ スペースキー

ひらがなを漢字やカタカナに変換します。空白を入力するときにも使います。

❿ ウィンドウズキー

スタートメニューを表示します。

⓫ Enter（エンター）キー

変換した文字の入力を完了します。改行するときにも使います。

⓬ 方向キー（矢印キー）

|（カーソル）の位置を上下左右に移動します。

⓭ テンキー

数字を入力します。テンキーがない場合もあります。

おわり

Section 10 キーボードを効率よく操作しよう

キーボードを効率よく操作するためには、基本的な手の位置が重要です。また、どの指でどのキーを押すかを覚えておくと、効率よく入力ができます。ここでは、基本となる指の配置と操作方法を確認しましょう。

基本となる指の配置を覚えよう

キーボードを操作する際は、下図のとおりに指を配置するのが基本です。この指の配置を「ホームポジション」といいます。

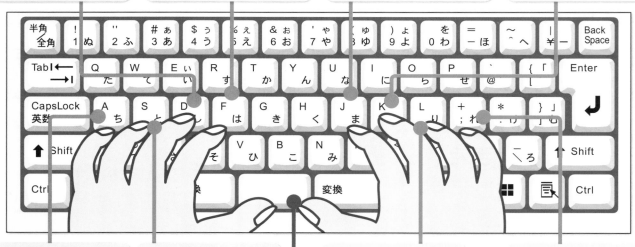

D キーに左手の中指を置きます

F キーに左手の人差し指を置きます

J キーに右手の人差し指を置きます

K キーに右手の中指を置きます

A キーに左手の小指を置きます

S キーに左手の薬指を置きます

L キーに右手の薬指を置きます

; キーに右手の小指を置きます

スペース キーに両手の親指を置きます

効率よく入力しよう

キーボードを効率よく操作するには、ホームポジションを基本にして、下図のように、近くのキーをそれぞれの指で押します。キーは、長く押し続けないようにしましょう。

左手の薬指で押します

左手の中指で押します

右手の人差し指で押します

右手の小指で押します

左手の小指で押します

左手の人差し指で押します

右手の中指で押します

親指で押します

右手の薬指で押します

おわり

解説

指の配置は絶対ではありません

ここで紹介した指の配置は、キーボードを利用するための基本となるものですが、必ずしもこのとおりにする必要はありません。使いにくい場合は別の指で押すなどして、使いやすいように工夫しましょう。

日本語入力のしくみを知ろう

文字の入力には「日本語入力システム」が欠かせません。日本語入力システムで、入力モードの切り替えや入力方式の切り替えなどを行います。

操作に迷ったときは… 　左クリック **19** ページ　右クリック **19** ページ　キー　**36** ページ

入力モードアイコンを知ろう

ウィンドウズのパソコンには、あらかじめ日本語を入力するためのアプリが入っています。このアプリは、タスクバーの通知領域に入力モードアイコンとして表示されます。

入力モードアイコン

入力モードアイコンは、タスクバーの通知領域に格納されています

入力モードを知ろう

入力モードには、日本語を入力する「日本語入力モード」と、英数字を入力する「半角英数字入力モード」があります。キーボードの 半角/全角 キーを押すと、入力モードが切り替わり、入力モードアイコンの表示が変わります。

💻 日本語入力モードへの切り替え

キーボードの 半角/全角 キーを押すと、A が あ に変わります

日本語が入力できるようになります

💻 半角英数字入力モードへの切り替え

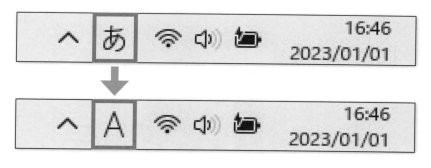

キーボードの 半角/全角 キーを押すと、あ が A に変わります

英数字が入力できるようになります

次へ ▶

ローマ字入力とかな入力を知ろう

日本語を入力する際の入力方式には、「ローマ字入力」と「かな入力」の2つの方法があります。

ここでは、入力モードを あ に切り替えています

💻 ローマ字入力とは

ローマ字入力は、キーに書かれた英文字をローマ字読みにして日本語を入力します。

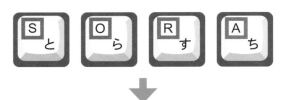

そら|

1 キーボードで S と O ら R す A ち の順にキーを押します

2 「そら」と入力されます

💻 かな入力とは

かな入力は、キーに書かれたひらがなのとおりに日本語を入力します。

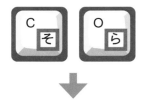

そら|

1 キーボードで C そ O ら の順にキーを押します

2 「そら」と入力されます

ローマ字入力とかな入力の切り替え方法

ローマ字入力とかな入力の切り替えは、入力モードアイコンから設定します。入力モードアイコンを右クリックして、「かな入力（オフ）」でローマ字入力、「かな入力（オン）」でかな入力になります。本書では、ローマ字入力での入力方法で解説します。

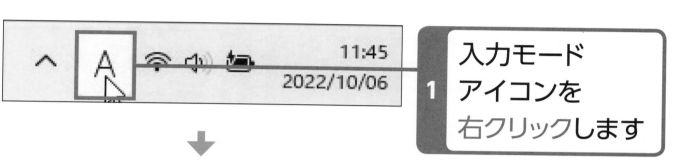

1 入力モード
アイコンを
右クリックします

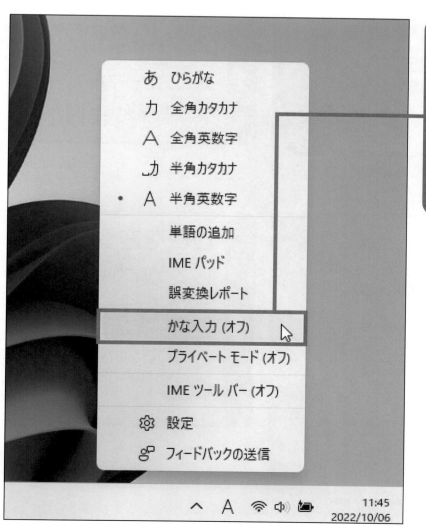

2 かな入力 (オフ) の
場合はローマ字
入力の設定です

⚠ 左クリックすると、かな
入力に切り替わります

手順 **2** で かな入力 (オン) の場合
は左クリックしてローマ字入力
に切り替えます

おわり

43

メモ帳（アプリ）を使ってみよう

文字入力の練習をするために、アプリを開きましょう。ここでは、パソコンに最初から入っている「メモ帳」というアプリを開きます。

操作に迷ったときは… 左クリック **19** ページ

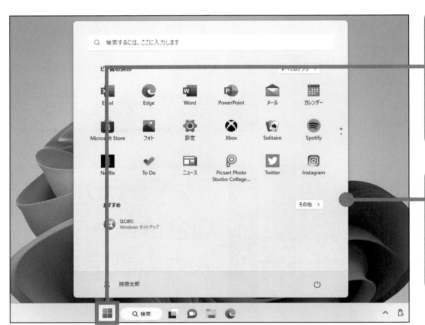

1 タスクバーの
スタート
■ を
左クリックします

2 スタート
メニューが
表示されました

3 ここを左クリック
して次ページを
表示します

(!) この画面に目的のアプリ
があれば、左クリックし
ます

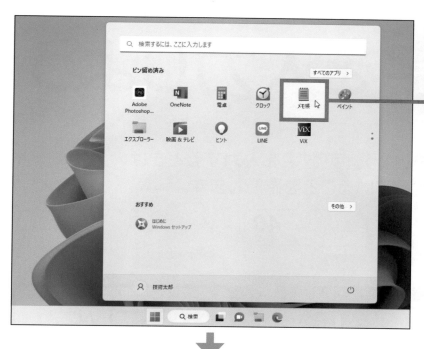

4 メモ帳 📝 を
左クリックします

メモ帳は、かんたんな文書を
作成するためのアプリです

5 メモ帳が
開きました

おわり

Column スタートメニューに表示されていない場合

使用したいアプリがスタート
メニューに表示されていな
い場合は、すべてのアプリ >
を左クリックして、すべての
アプリ一覧を表示させて、
アプリを左クリックします。

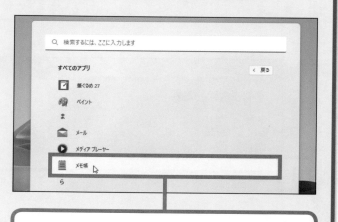

すべてのアプリ一覧から
アプリを探します

英数字を入力しよう

はじめに、英数字を入力しましょう。英数字を入力するときは、入力モードが半角英数字入力モードになっていることを確認します。

操作に迷ったときは… キー **36** ページ 入力 **40** ページ

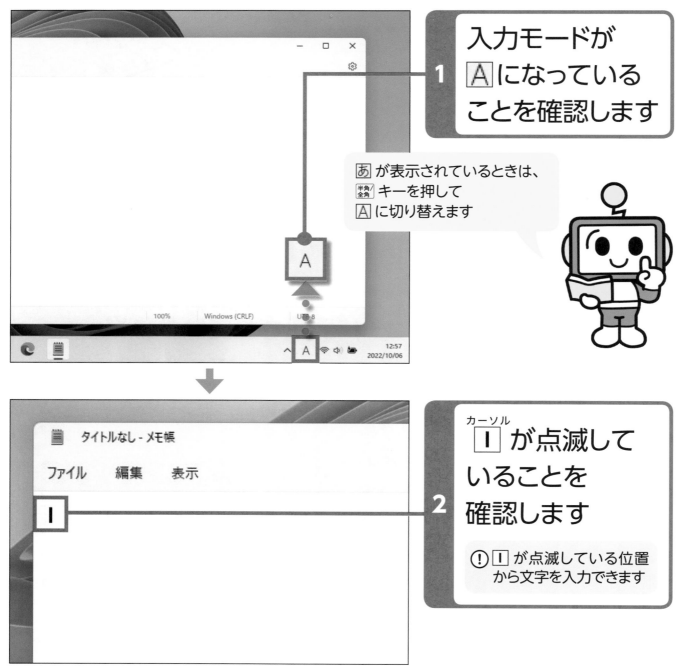

1 入力モードが Ａ になっていることを確認します

あ が表示されているときは、
半角/全角 キーを押して
Ａ に切り替えます

カーソル
2 Ｉ が点滅していることを確認します

⚠ Ｉ が点滅している位置から文字を入力できます

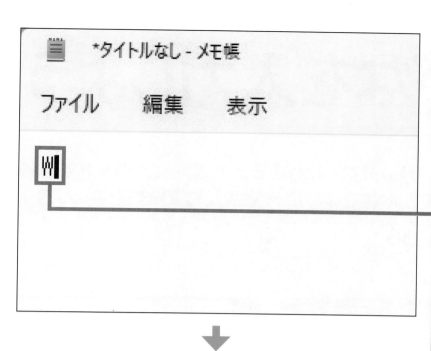

3 [Shift] シフト キーを押しながら Ⓦ のキーを押します

4 大文字の英字が入力できました

5 Ⓘ Ⓝ Ⓓ Ⓞ Ⓦ Ⓢ の順にキーを押します

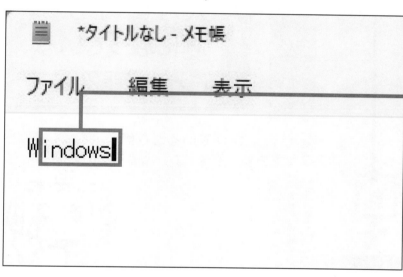

6 小文字の英字が入力できました

7 1 1 の順にキーを押します

8 数字が入力できました

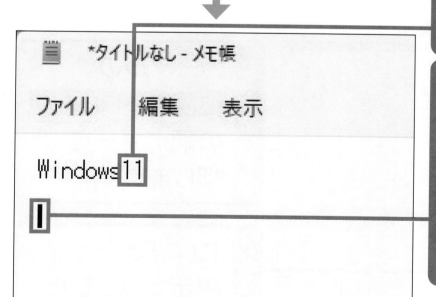

9 [Enter] エンター キーを押して次の行にカーソルを移動します

ⓘ この操作（改行）については58ページを参照してください

おわり

ひらがなを入力しよう

ひらがなを入力しましょう、ひらがなを入力するときは、入力モードを日本語入力モードに切り替えます。本書では、ローマ字入力で解説を進めます。

操作に迷ったときは… > キー **36** ページ 入力 **40** ページ

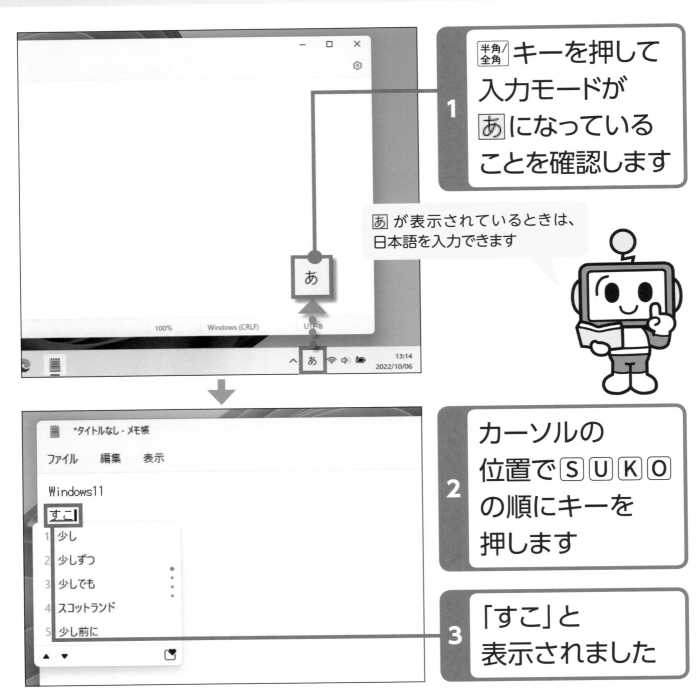

1 半角/全角 キーを押して入力モードが あ になっていることを確認します

あ が表示されているときは、日本語を入力できます

2 カーソルの位置で S U K O の順にキーを押します

3 「すこ」と表示されました

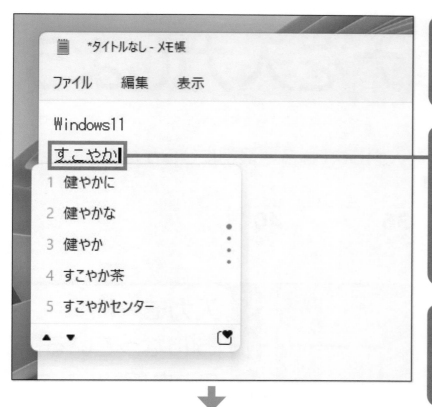

4 Y A K A の順にキー押します

5 「すこやか」と表示されました

⚠ 下線は、入力が完了していない状態を表します

6 Enter キーを押します

エンター

7 下線がなくなり、文字の入力が完了しました

Enter キーを押すまで、入力は完了していません

おわり

Column 入力予測の候補

ウィンドウズのパソコンでは、読みを入力すると、予測される入力候補が表示されます。その中に入力したい文字が表示されている場合は、選択して入力することもできます。

カタカナを入力しよう

ひらがなの次は、カタカナを入力しましょう。最初にひらがなを入力して、それをカタカナに変換します。

操作に迷ったときは… > キー **36** ページ　入力 **40** ページ

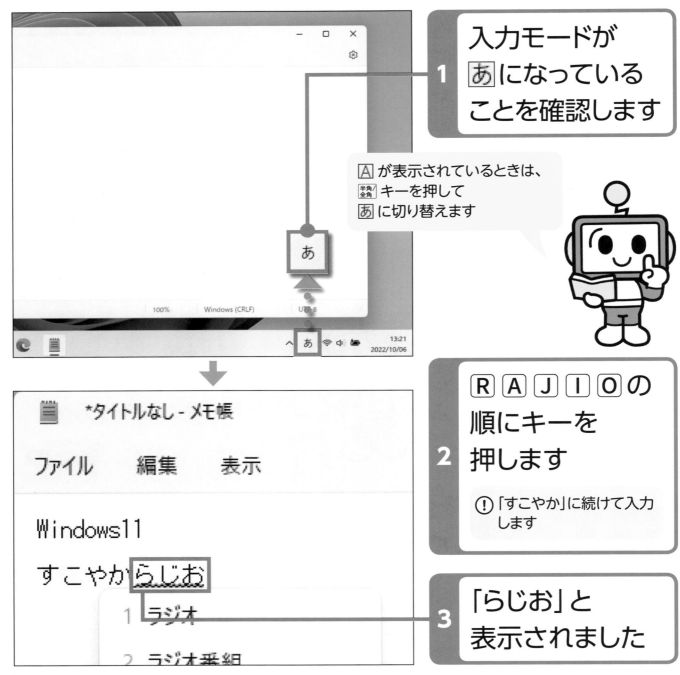

1 入力モードが **あ** になっていることを確認します

A が表示されているときは、
半角/全角 キーを押して
あ に切り替えます

*タイトルなし - メモ帳

ファイル　　編集　　表示

Windows11
すこやから らじお
　　1 ラジオ
　2 ラジオ番組

2 **R** **A** **J** **I** **O** の順にキーを押します

(!) 「すこやか」に続けて入力します

3 「らじお」と表示されました

■ *タイトルなし - メモ帳

ファイル　　編集　　表示

Windows11
すこやか[ラジオ]

4 | [スペース] キーを押します

5 | カタカナに変換されました

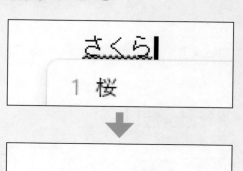

■ *タイトルなし - メモ帳

ファイル　　編集　　表示

Windows11
すこやか[ラジオ]

6 | エンター
[Enter] キーを押します

7 | 下線がなくなり、文字の入力が完了しました

おわり

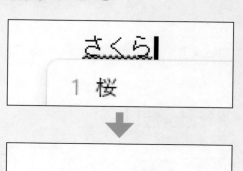

Column | [F7] キーでもカタカナに変換できる

[スペース] キーを押してもカタカナに変換できないときは、下線が付いている状態でキーボードの [F7] キーを押すと、カタカナに変換することができます。

さくら

1 桜

↓

サクラ

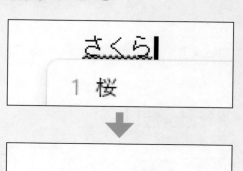

漢字を入力しよう

漢字を入力しましょう。最初にひらがなを入力して、それを目的の漢字に変換します。一度に変換できない場合は、変換候補を表示します。

操作に迷ったときは… > キー **36** ページ 入力 **40** ページ

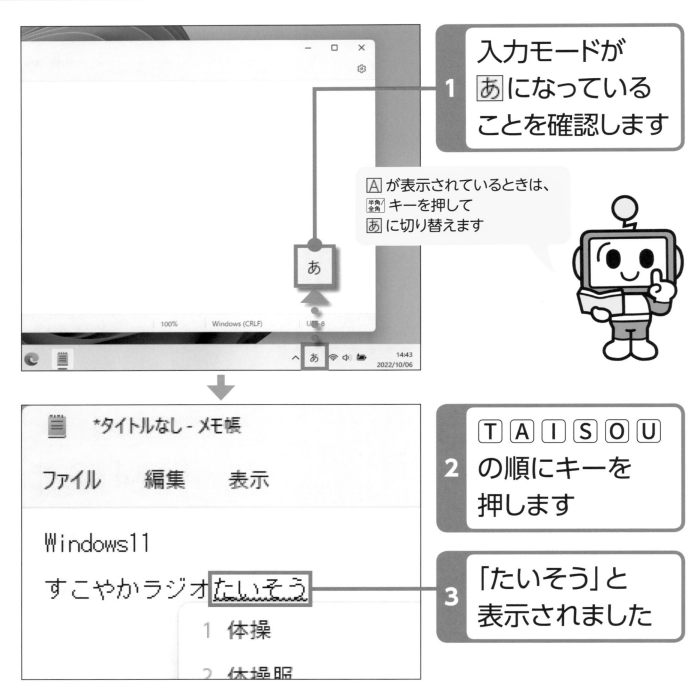

1 入力モードが あ になっていることを確認します

A が表示されているときは、半角/全角 キーを押して あ に切り替えます

2 T A I S O U の順にキーを押します

3 「たいそう」と表示されました

*タイトルなし - メモ帳

ファイル　編集　表示

Windows11

すこやかラジオたいそう

1 体操
2 体操服

> 📝 *タイトルなし - メモ帳
>
> ファイル　　編集　　表示
>
> Windows11
> すこやかラジオ体操

4 スペース キーを押します

5 「体操」と漢字に変換されました

⬇

> 📝 *タイトルなし - メモ帳
>
> ファイル　　編集　　表示
>
> Windows11
> すこやかラジオ体操

6 エンター
Enter キーを押します

7 目的の漢字が入力できました

おわり

Column　目的の漢字に変換できない場合

ここでは、一度で目的の漢字に変換できましたが、正しく変換されなかったときは、スペース キーを何度か押して、変換候補の一覧を表示し、目的の漢字を選択します。さらに スペース キーを押すと候補の先頭に戻ります。

入力した文字を選択しよう

入力した文字をあとから編集したり、まとめて削除したりするときは、文字を選択します。選択の操作はよく使われるので、ここで覚えておきましょう。

操作に迷ったときは… 左クリック **19** ページ ドラッグ **20** ページ

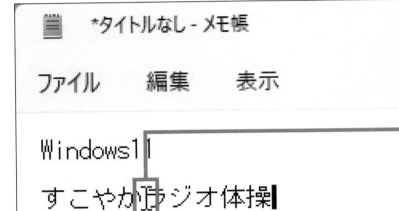

1 マウスを動かして選択したい文字の先頭に _{ポインター} I を移動します

① 文字が入力できるところでは、⬚ の形が I に変わります

2 左クリックします

3 _{カーソル} | が「か」と「ラ」の間に表示されました

① | は点滅した状態で表示されます

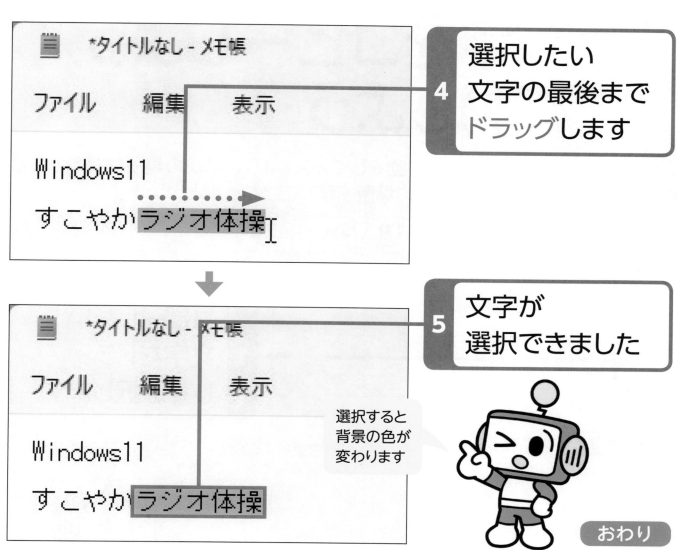

選択したい
文字の最後まで
ドラッグします

4

5 文字が
選択できました

選択すると
背景の色が
変わります

おわり

Column　選択を解除する

文字の選択状態を解除するには、選択している文字以外の
場所を左クリックします。

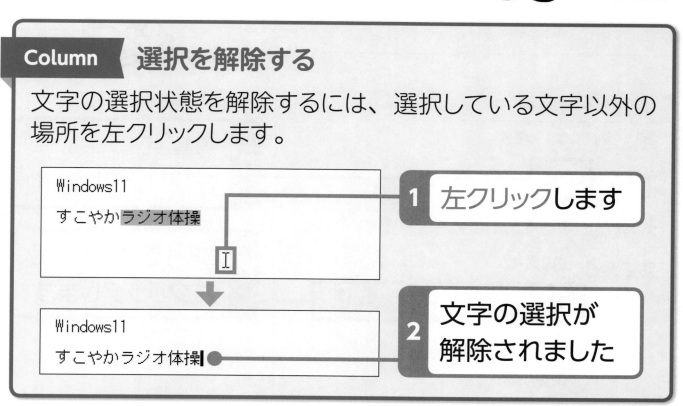

1 左クリックします

2 文字の選択が
解除されました

文字をコピーしよう／移動しよう

文字を選択して、コピーや移動をしてみましょう。ほかの場所に複製することをコピー、切り取ってほかの場所へ移すことを移動といいます。

操作に迷ったときは… ＞ 左クリック **19** ページ ドラッグ **20** ページ

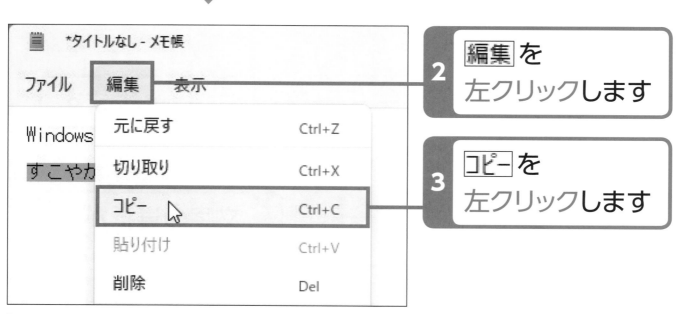

📋 *タイトルなし - メモ帳

ファイル　　編集　　表示

Windows11

すこやか ラジオ体操

1 コピーしたい文字を**ドラッグ**して選択します

文字を選択する方法は、54ページを参照してください

📋 *タイトルなし - メモ帳

ファイル　　編集　　表示

元に戻す	Ctrl+Z
切り取り	Ctrl+X
コピー	Ctrl+C
貼り付け	Ctrl+V
削除	Del

2 編集を**左クリック**します

3 コピーを**左クリック**します

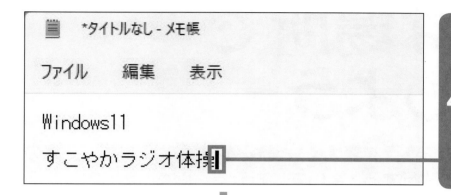

4 コピーしたい位置を左クリックして □ を表示します

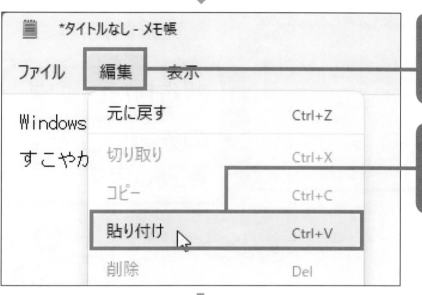

5 編集 を左クリックします

6 貼り付け を左クリックします

---

*タイトルなし - メモ帳

ファイル　編集　表示

Windows11

すこやかラジオ体操すこやか

7 選択した文字がコピーされました

おわり

Column 文字を移動する

文字を選択して手順**3**で 切り取り を左クリックし、移動したい位置で手順**4**〜**6**を操作します。

Windows11

ラジオすこやか体操

好きな場所で改行しよう

長い文章は、途中で改行する (行を変える) と読みやすくなります。文章の区切りや、見やすい位置で改行するとよいでしょう。

操作に迷ったときは… > 左クリック **19** ページ　キー　**36** ページ

Windows11

すこやか ⌶ ラジオ体操

1 改行したい文字の先頭に ⌶ (ポインター) を移動します

ここでは、「か」のうしろの文字を次の行に移動します

Windows11

すこやか ⌶ ラジオ体操

2 左クリックします

3 ⌶ (カーソル) が「か」と「ラ」の間に表示されました

⚠ ⌶ は点滅した状態で表示されます

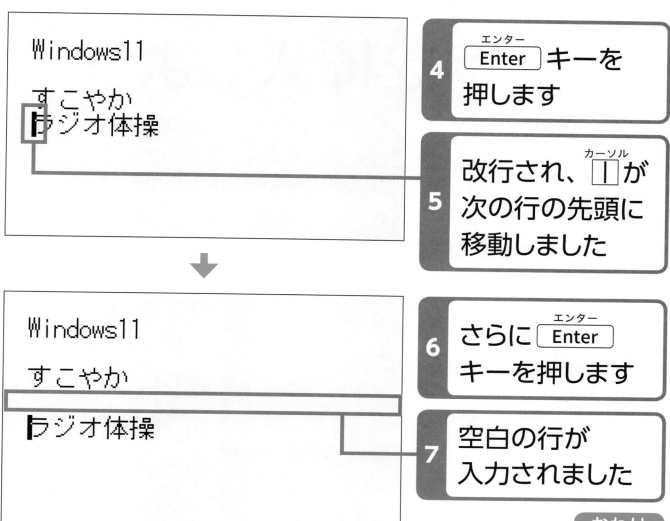

4 エンター
Enter キーを
押します

5 改行され、カーソル ▯ が
次の行の先頭に
移動しました

6 さらに エンター Enter
キーを押します

7 空白の行が
入力されました

おわり

Column 改行を取り消す

改行を取り消したいときは、改行した行の先頭に ▯ を移動して、キーボードの Back space キーを押します。

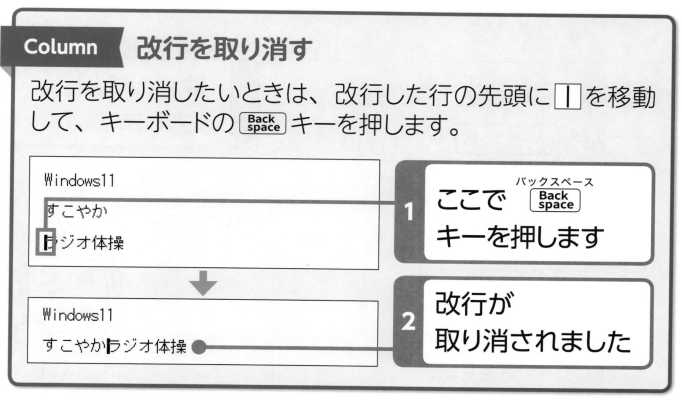

1 ここで バックスペース Back space
キーを押します

2 改行が
取り消されました

文字を挿入しよう

文章の途中や、文字を削除したあとに、別の文字を入力するには、文字を挿入したい位置をクリックし、カーソルを移動してから入力します。

操作に迷ったときは… 左クリック **19** ページ キー **36** ページ 入力 **40** ページ

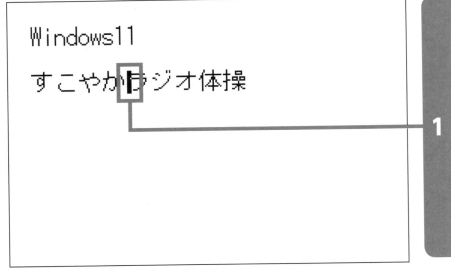

1 文字を挿入したい位置を左クリックして カーソル |I| を表示します

⚠ |I| が表示されている位置に、入力する文字が挿入されます

⬇

2 「はやおき」と入力します

|I| はキーボードの ↑↓←→ キーでも移動できますよ

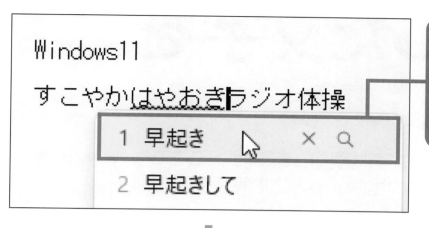

Windows11

すこやかはやおき|ラジオ体操

1 早起き	✕	🔍
2 早起きして		

3 入力候補の「早起き」を左クリックします

⬇

Windows11

すこやか 早起き |ラジオ体操

4 「早起き」と変換され、文字が挿入されました

おわり

Column 文字と文字の間を空ける

文字と文字の間を空けたいときは、空白の文字を入力します。空白を入れたい位置で左クリックし、キーボードの スペース キーを押します。 スペース キーを数回押すと、押した回数分の空白が入ります。

Windows11

すこやか|早起きラジオ体操

1 カーソル
|I| を移動して スペース キーを押します

⬇

Windows11

すこやか □ 早起きラジオ体操

2 空白が入力されました

入力した文字を削除しよう

間違えた文字や不要になった文字は削除しましょう。ここでは、 Delete キーと Back space キーを使って1文字ずつ削除する方法を覚えましょう。

操作に迷ったときは… 左クリック **19** ページ キー **36** ページ

Delete キーで削除しよう

Windows 11

すこやか早起きラジオ体操

Delete キーはカーソルの右側を順に削除します

1 削除したい文字の左側を左クリックして、

カーソル
|| を移動します

① ここでは「11」を削除します

2 デリート Delete キーを押します

Windows 1

すこやか早起きラジオ体操

3 「1」が削除されました

4 再度 デリート Delete キーを押します

```
Windows|
```
すこやか早起きラジオ体操

5 これで「11」が削除されました

Back space キーで削除しよう

```
Windows|
```
すこやか早起きラジオ体操

1 削除したい文字の右側を左クリックして、カーソル |　を移動します

```
Window|
```
すこやか早起きラジオ体操

2 バックスペース Back space キーを押します

(!) Back space キーはカーソルの左側を順に削除します

3 「s」が削除されました

```
|
```
すこやか早起きラジオ体操

4 バックスペース Back space キーを6回押します

5 「Window」が削除されました

おわり

文書を保存しよう

作成した文書をファイルとして保存しましょう。ファイル名はわかりやすい名前を付けます。また、保存したファイルを開く方法を覚えましょう。

操作に迷ったときは… 　左クリック **19** ページ 　キー **36** ページ 　入力 **40** ページ

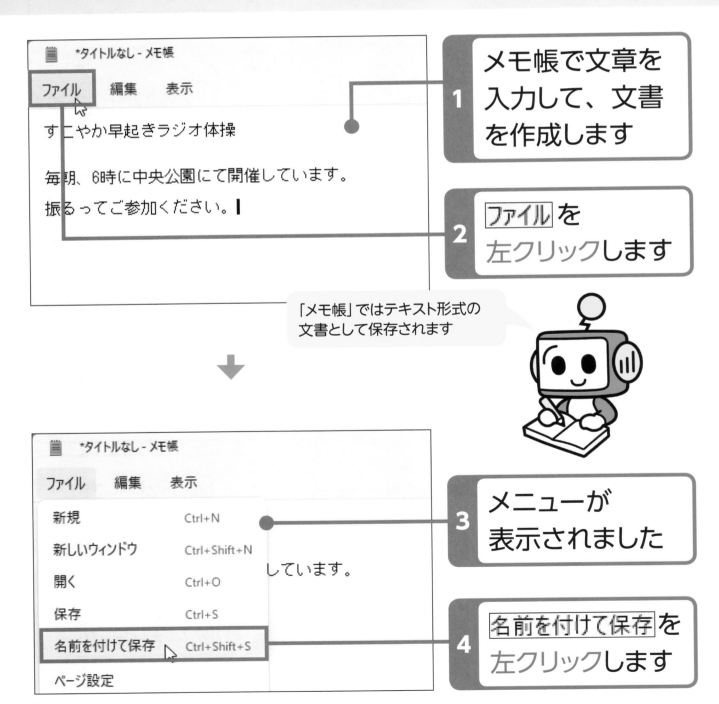

1 メモ帳で文章を入力して、文書を作成します

2 [ファイル] を左クリックします

「メモ帳」ではテキスト形式の文書として保存されます

3 メニューが表示されました

4 [名前を付けて保存] を左クリックします

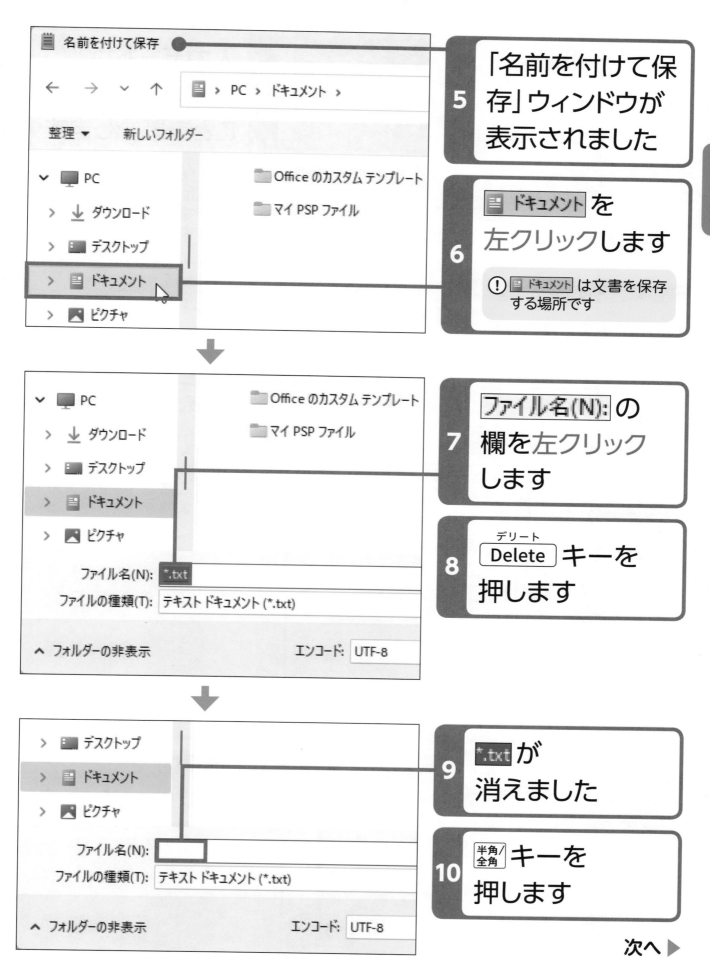

「名前を付けて保存」ウィンドウが表示されました

5

ドキュメント を左クリックします

6

⚠ ドキュメント は文書を保存する場所です

ファイル名(N): の欄を左クリックします

7

デリート
Delete キーを押します

8

*.txt が消えました

9

半角/全角 キーを押します

10

次へ ▶

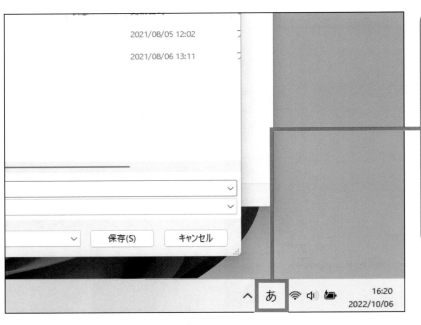

入力モードが
 になっている
ことを確認します

11

⚠️ Ⓐ が表示されていると
きは、もう一度 半角/全角 キー
を押して あ に切り替え
ます

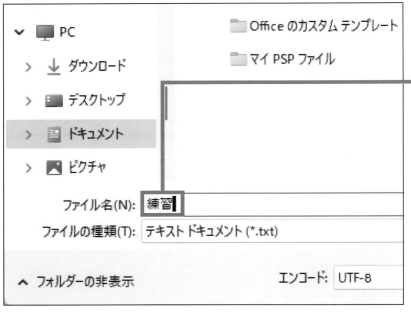

ファイルの名前
を入力します

12

⚠️ ここでは、「練習」と入力
します

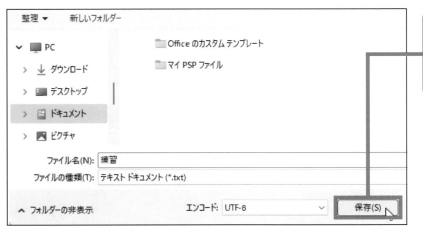

保存(S) を
左クリックします

13

66

練習 - メモ帳

ファイル　　編集　　表示

すこやか早起きラジオ体操

毎朝、6時に中央公園にて開催して
振るってご参加ください。

これで、入力した文章を
ファイルとして保存できました

タイトルバーに
ファイルの
名前が
表示されました

14

おわり

Column　保存したファイルを開く

保存したファイルを開くには、メモ帳を起動して、ファイル を
左クリックし、メニューから 開く を左クリックします。「ファイ
ルを開く」ウィンドウで保存先の ドキュメント を開きます。保存
したファイル名を左クリックして、開く(O) を左クリックします。

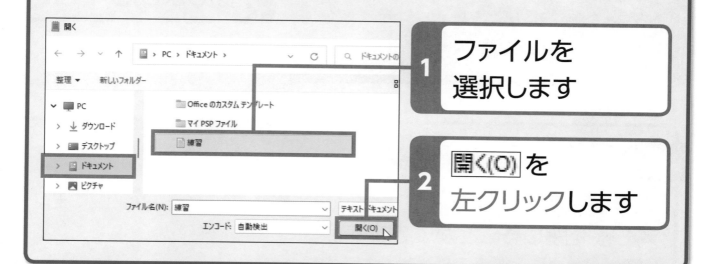

1　ファイルを
　　選択します

2　開く(O) を
　　左クリックします

メモ帳（アプリ）を閉じよう

メモ帳を使い終わったら、閉じましょう。保存したあとで内容を変更している場合は、保存してから閉じます。

操作に迷ったときは… 左クリック **19** ページ

保存したあとに内容を変更していない場合

1 閉じる ☒ に ポインター ▷ を移動します

2 左クリックします

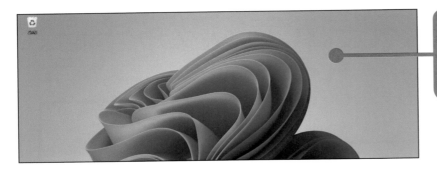

3 メモ帳が閉じました

Column メニューから閉じる

メニューの ファイル を左クリックして 終了 を左クリックしても、メモ帳を閉じることができます。

保存したあとに内容を変更した場合

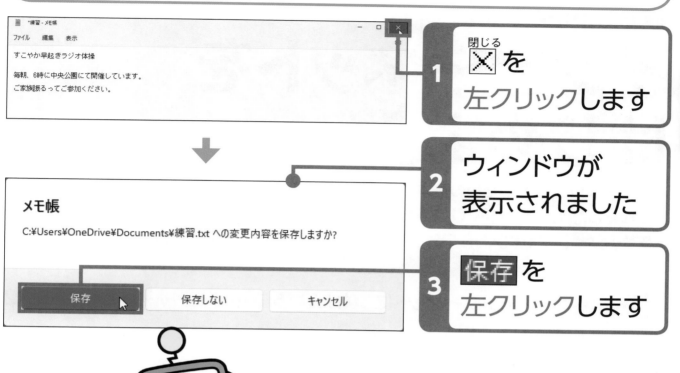

1 閉じる
区 を
左クリックします

2 ウィンドウが
表示されました

3 保存 を
左クリックします

変更内容を保存した状態で
メモ帳が閉じます

おわり

💡 解説

上書き保存して閉じる

内容を変更した場合、保存して
から閉じてもよいでしょう。
メニューの ファイル を左クリックし
て 保存 を左クリックすると、変
更内容を上書きして保存されま
す。

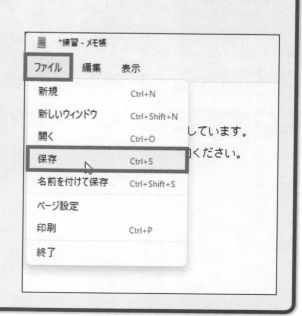

第3章

インターネットをはじめよう

インターネットを楽しむための基本を知ることができます。ホームページを開き、別のページに移動したり、文字を拡大して見やすくしたりすることができます。また、ホームページを探す方法や、お気に入りに登録する方法、ホームページを印刷する方法も覚えましょう。

この章でできるようになること

ホームページを見ることができます! ➔ 72〜79ページ

ブラウザーを開いて
ホームページを
見る方法や、
ブラウザーの画面の
しくみを解説します

いろいろなページに移動できます! ➔ 80〜91ページ

ページを移動したり、キーワードを入力して検索したり、
お気に入りに登録したりする方法を覚えましょう

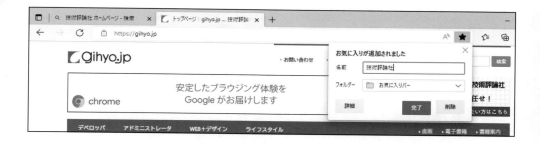

ホームページを印刷できます! ➔ 92〜97ページ

ホームページを
印刷すると、
持ち歩いて読んだり、
人に見せたりする
ことができて便利です

インターネットに つなげよう

「インターネット」は、世界中のパソコンとパソコンをつないで情報を交換するための巨大なネットワークです。はじめに、インターネット接続に必要なものと、インターネットに接続する方法を確認しましょう。

インターネットに接続しよう

パソコンをインターネットに接続するには、通常、プロバイダーと呼ばれる接続業者との契約が必要です。プロバイダーと契約すると、接続機器が送られてくるので、機器とパソコンをケーブルで接続し、インターネットを利用できるようにパソコンを設定します。

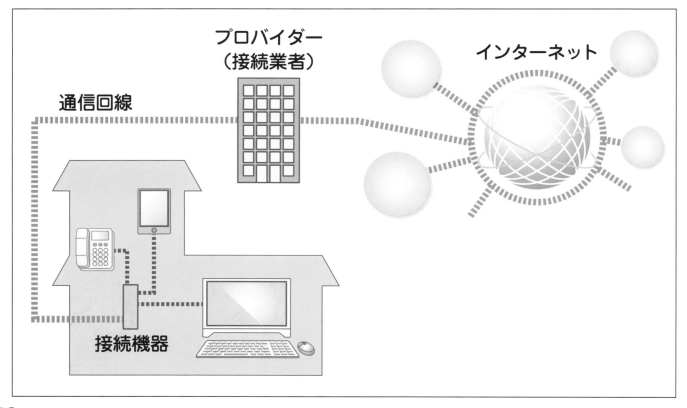

インターネットがつながらない場合

インターネットに接続するための設定が難しかったり、設定はしたがつながらなかったりした場合は、契約したプロバイダーに相談するか、パソコンを購入した販売店やお近くの電気店に相談するとよいでしょう。
プロバイダーによっては、希望者に有償で、接続や設定をしてくれるところもあります。

困ったなぁ…

ホームページを見よう

インターネットを利用できるようにパソコンを設定したら、インターネットに接続してホームページを見てみましょう。
ホームページを見るには、「ブラウザー」と呼ばれるアプリを利用します。本書では、ウィンドウズに最初から入っているマイクロソフトエッジを利用します。

マイクロソフトエッジを
利用して、
ホームページを表示します

おわり

ホームページを見る準備をしよう

ホームページを見るために、ブラウザーのマイクロソフトエッジを開いてみましょう。タスクバーとスタートメニューから開くことができます。

操作に迷ったときは… 左クリック **19** ページ

タスクバーから開こう

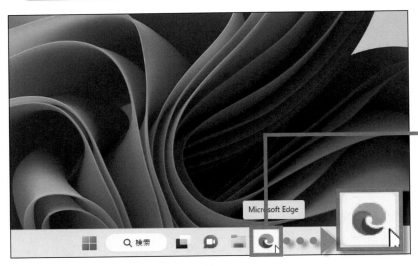

タスクバーの
マイクロソフトエッジ
 を
1 左クリックします

⚠ ホームページを見るには、パソコンがインターネットに接続されている必要があります

2 マイクロソフトエッジが開きました

起動時に表示される画面（ホームページ）はパソコンによって異なります

スタートメニューから開こう

1 スタート
 を
左クリックします

2 スタート
メニューが
表示されました

3 マイクロソフトエッジ
を
左クリックすると
開きます

スタートメニューに が表示さ
れていない場合は、45ページ
のコラムを参照してください

おわり

Column マイクロソフトエッジを閉じる

マイクロソフトエッジを閉じる (終了する) には、画面右上の
を左クリックします。デスクトップ画面に戻ります。

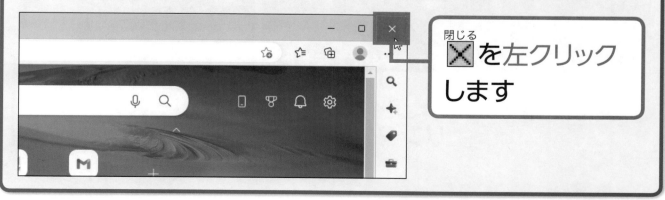

閉じる
を左クリック
します

ブラウザーの画面を知ろう

ホームページを見るのに必要な画面のしくみを覚えましょう。ここでは、マイクロソフトエッジの画面各部の名称と役割を確認します。ブラウザーを操作するための機能は、画面上部に表示されています。

❶ タブ

❻ ❼ ❽ ❾

❸ 更新

❹ アドレスバー

❿ ページ設定

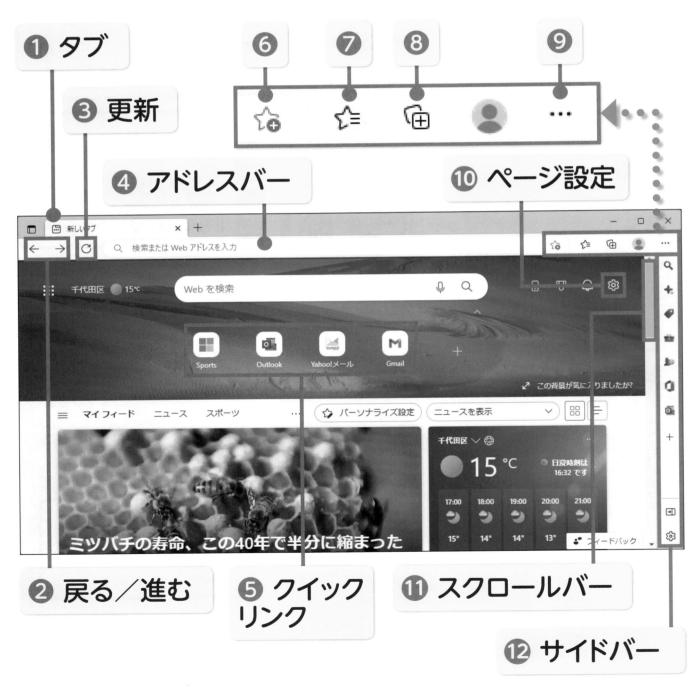

❷ 戻る／進む

❺ クイックリンク

⓫ スクロールバー

⓬ サイドバー

❶ タブ

複数のページを切り替えて表示するときに利用します。リンクを左クリックすると、新しいタブに表示されます。

❷ 戻る／進む

⬅（戻る）は直前に見ていたページに、➡（進む）は⬅（戻る）を左クリックする前に見ていたページへ移動します。

❸ 更新

表示しているホームページを最新の状態にします。

❹ アドレスバー

アドレス（住所）を入力してホームページを表示したり、キーワードを入力してホームページを検索したりします。

❺ クイックリンク

よく見るホームページへのリンクが表示されます。∧を左クリックすると、非表示になります。

❻ このページをお気に入りに追加

よく見るホームページを登録します。

❼ お気に入り

お気に入りを表示したり管理したりします。

❽ コレクション

ページや画像、一部のテキストなどを登録できます。

❾ 設定など

ホームページの印刷や、マイクロソフトエッジの設定などの画面を表示します。

❿ ページ設定

ホームページのレイアウトや表示内容を変更できます。

⓫ スクロールバー

画面に収まり切らない部分がある場合に、バーを上下にドラッグして、隠れている部分を表示します。

⓬ サイドバー

検索のほか、電卓や翻訳（「ツール」内）などの機能を表示できます。サイドバーを非表示にするには⊞を左クリックし、表示するには⋯を左クリックして「サイドバーを表示」を左クリックします。

おわり

アドレスを入力して ホームページを表示しよう

ホームページには、個別の「アドレス」（住所）があります。アドレスがわかっている場合は、アドレスを入力してホームページを表示できます。

操作に迷ったときは… 左クリック **19** ページ　キー **36** ページ　入力 **40** ページ

1 アドレスバーを 左クリックします

2 [半角/全角] キーを 押します

① 入力モードが Ａ になっていることを確認します

千代田区 🌧 18℃

Web を検

⬇

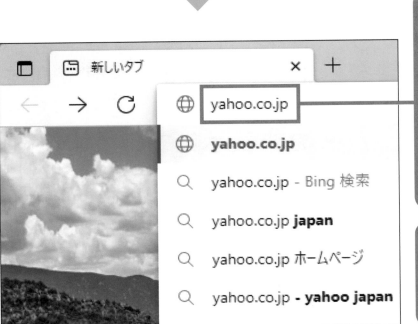

新しいタブ

yahoo.co.jp
🌐 **yahoo.co.jp**
🔍 yahoo.co.jp - Bing 検索
🔍 yahoo.co.jp **japan**
🔍 yahoo.co.jp ホームページ
🔍 yahoo.co.jp - **yahoo japan**

3 ホームページの アドレスを 入力します

① ここでは、 「yahoo.co.jp」と入力します

4 [Enter] エンター キーを 押します

5 **Yahoo!(ヤフー)のホームページが表示されました**

おわり

Column ほかのアドレスを入力する

アドレスバーにアドレスが表示されている場合は、新しいアドレスを入力します。ここでは、Google (グーグル) のアドレス (google.co.jp) を入力し直してみましょう。

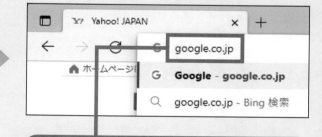

1 **左クリックしてアドレスを選択します**

2 **アドレスを入力して Enter（エンター）キーを押します**

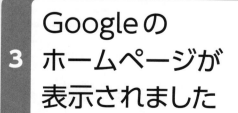

3 **Googleのホームページが表示されました**

別のページに
移動しよう

ホームページには、別のホームページに移動するための機能 (リンク) があります。リンクを左クリックすると、別のページに移動できます。

操作に迷ったときは… 左クリック **19** ページ

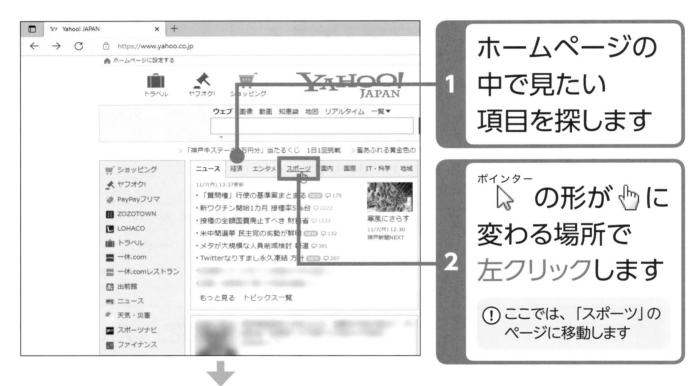

1 ホームページの
中で見たい
項目を探します

ポインター

2 ▷ の形が 🖑 に
変わる場所で
左クリックします

① ここでは、「スポーツ」の
ページに移動します

3 スポーツの
一覧ページが
表示されました

4 詳しく読みたい
記事を
左クリックします

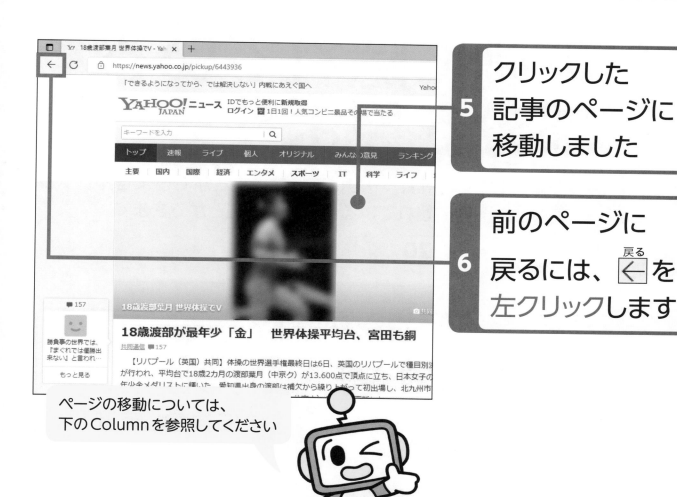

5 クリックした記事のページに移動しました

6 前のページに戻るには、$\overset{戻る}{\boxed{\leftarrow}}$を左クリックします

ページの移動については、下のColumnを参照してください

おわり

Column 「戻る」と「進む」のしくみ

$\boxed{\leftarrow}$を左クリックすると、直前に見ていたページに1つずつ戻ることができます。また、$\boxed{\rightarrow}$を左クリックすると、$\boxed{\leftarrow}$を左クリックする前に見ていたページへ移動します。

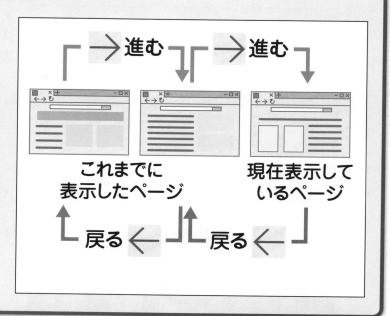

これまでに表示したページ　　現在表示しているページ

下側に隠れている部分を見よう

ホームページが縦に長い場合は、一度に表示することができません。スクロールバーを使うと、下側に隠れている部分を見ることができます。

操作に迷ったときは… ドラッグ **20** ページ

1 ポインター を スクロールバー に移動します

2 スクロールバー を下方向に ドラッグします

ホームページがウィンドウの 大きさに収まる場合は、 スクロールバーは 表示されません

3 ドラッグした 分だけ、 画面が下方向に 移動しました

4 スクロールバーを上方向にドラッグします

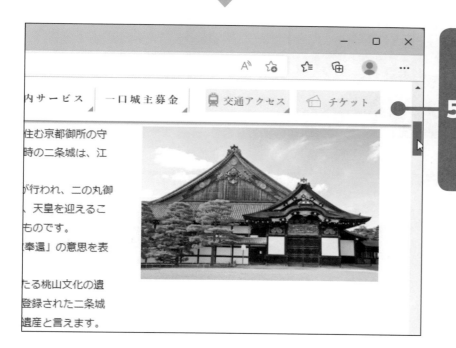

5 ドラッグした分だけ、画面が上方向に移動しました

おわり

Column ## マウスのホイールを利用する

マウスのホイールを利用しても、画面をスクロールすることができます。ホイールを手前に回すと下方向に、奥に回すと上方向に移動します。

表示される文字を大きくしよう

ホームページによっては、文字サイズが小さくて読みづらい場合があります。自分の読みやすい大きさに拡大しましょう。

操作に迷ったときは… > 左クリック **19** ページ

設定など
… を
1 左クリックします

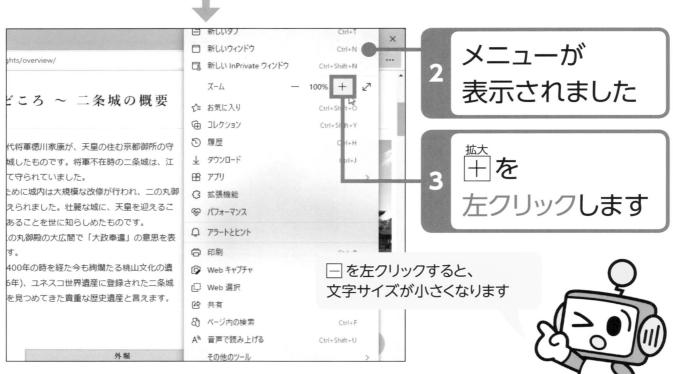

2 メニューが表示されました

拡大
＋ を
3 左クリックします

－ を左クリックすると、文字サイズが小さくなります

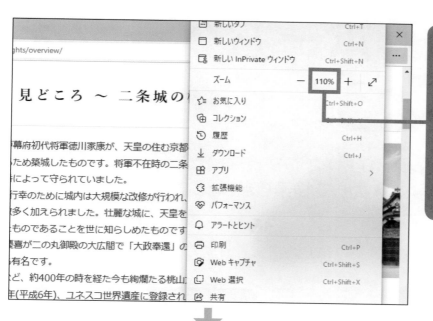

4 文字サイズが
「110%」に
拡大されました

! 左クリックするごとに、
拡大率が上がります

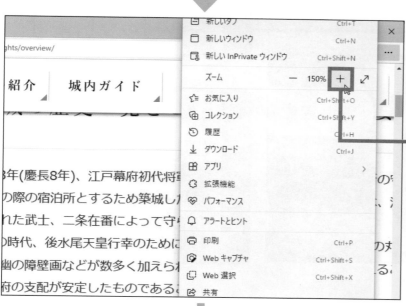

5 読みやすい
大きさになる
まで 拡大 ＋ を
左クリックします

! ここでは、あと2回左ク
リックしています

6 画面内を
左クリックして、
メニューを
閉じます

7 文字サイズが
150%に
拡大されました

おわり

検索してホームページを表示しよう

見たいホームページのアドレス（住所）がわからないときは、ホームページに関連するキーワード（単語）を入力して検索しましょう。

操作に迷ったときは… ⟩ (左クリック **19** ページ) (キー **36** ページ) (入力 **40** ページ)

1 アドレスバーを
左クリックします

2 半角/全角 キーを
押します

① 入力モードが あ になっていることを確認します

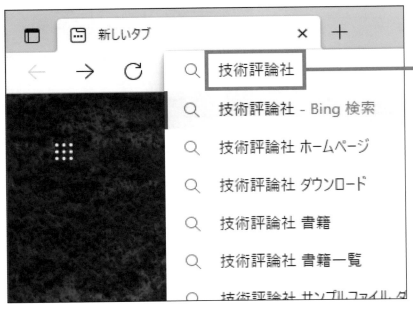

3 キーワードを
入力します

① ここでは、「技術評論社」と入力します

4 エンター
Enter キーを
押します

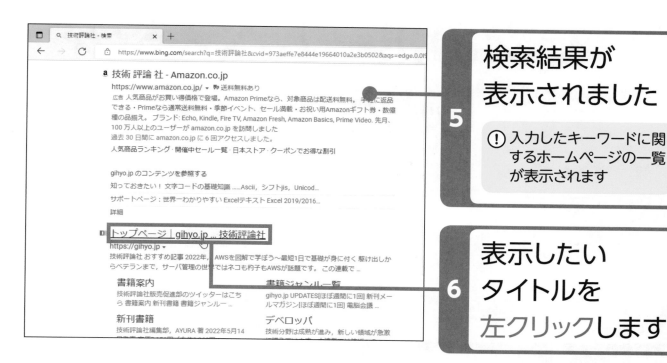

5 検索結果が表示されました

(!) 入力したキーワードに関するホームページの一覧が表示されます

6 表示したいタイトルを左クリックします

7 目的のホームページが表示されました

おわり

Column　複数のキーワードを指定する

キーワードを複数にすると、絞り込みができ、目的のページを探しやすくなります。キーワードの間で スペース キーを押し、スペース(空白)を入れて指定します。

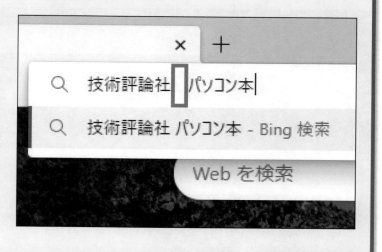

複数のホームページを表示しよう

複数のホームページを同時に開くには、タブを利用します。新しいタブを開き、ホームページを表示します。タブを左クリックして切り替えます。

操作に迷ったときは… 左クリック **19** ページ 入力 **40** ページ

新しいタブ
＋ を
1 左クリックします

新しいタブは
複数開くことができますが、
タブが見にくくなるので、
5つくらいまでにしましょう

2 新しいタブが
表示されます

3 アドレスバーを
左クリックします

4 ホームページの
アドレスを
入力します

> ⚠ ここでは、「microsoft.
> com」と入力します

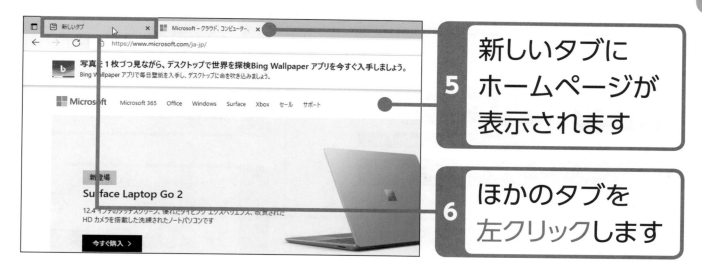

5 新しいタブに
ホームページが
表示されます

6 ほかのタブを
左クリックします

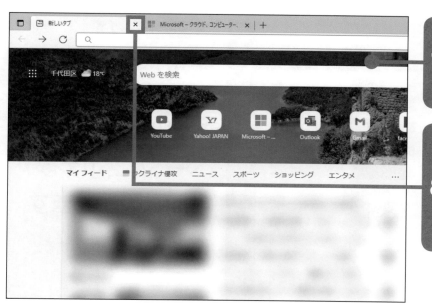

7 ホームページが
切り替わります

8 タブを閉じるに
は、タブの ✖ を
左クリックします

おわり

お気に入りに登録しよう

よく見るホームページはお気に入りに登録しておきましょう。見たいときにすぐに表示することができるので便利です。

操作に迷ったときは… 左クリック **19** ページ

1 お気に入りに登録したいホームページを表示します

2 このページをお気に入りに追加 を左クリックします

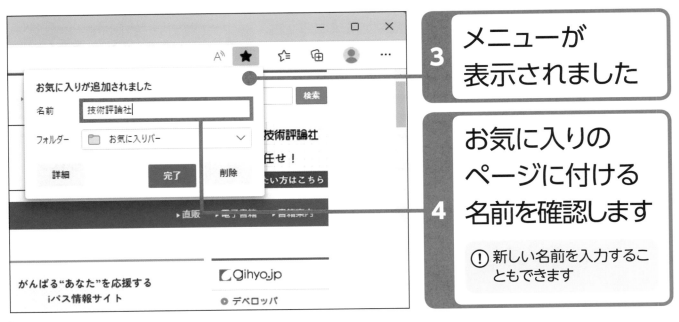

3 メニューが表示されました

4 お気に入りのページに付ける名前を確認します

⚠ 新しい名前を入力することもできます

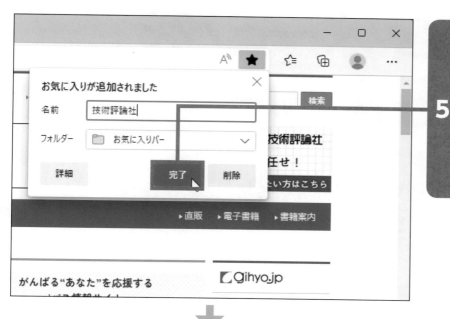

5 完了 を
左クリックします

(!) お気に入りバー を左クリックすると、保存する場所を選べます

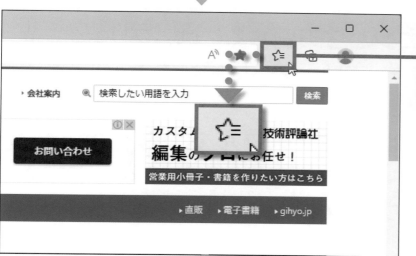

6 お気に入り
☆≡ を
左クリックします

7 お気に入りに
登録されたことが確認できます

登録したお気に入りを左クリックすると、
そのページをすぐに表示できます

おわり

ホームページを印刷しよう

ホームページを印刷するには、プリンターと用紙を準備し、印刷状態を事前に確認します。印刷の向きや部数などを設定して、印刷を実行しましょう。

操作に迷ったときは… ＞ 左クリック **19** ページ ／ ドラッグ **20** ページ

印刷に必要なものを準備しよう

ホームページなどパソコンから印刷するには、プリンターと、印刷する用紙が必要です。プリンターに用紙をセットしたら、プリンターの電源を入れます。

パソコンとプリンターはUSBケーブルでつなぐか、無線（Wi-Fi）で接続します。ここでは、Wi-Fiで接続しますが、接続環境やプリンターによって、セットアップの方法が異なります。

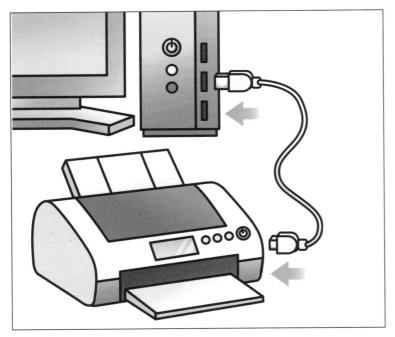

プリンターとパソコンを接続する方法やプリンターのインストール方法については、お使いのプリンターの取扱説明書を確認してください

プリンターを使えるようにしよう

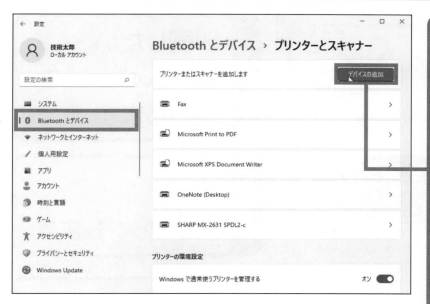

「プリンターと
スキャナー」画面
で デバイスの追加 を
左クリックします

1

⚠️ スタートメニューの「設
定」をクリックして
「Bluetoothとデバイ
ス」→「プリンターとス
キャナー」の順にクリック
して表示します

使用する
プリンターが
表示されたら、
デバイスの追加 を
左クリックします

2

セットアップが
終わり、プリン
ターが使えるよ
うになりました

3

次へ ▶

印刷した状態を事前に確認しよう

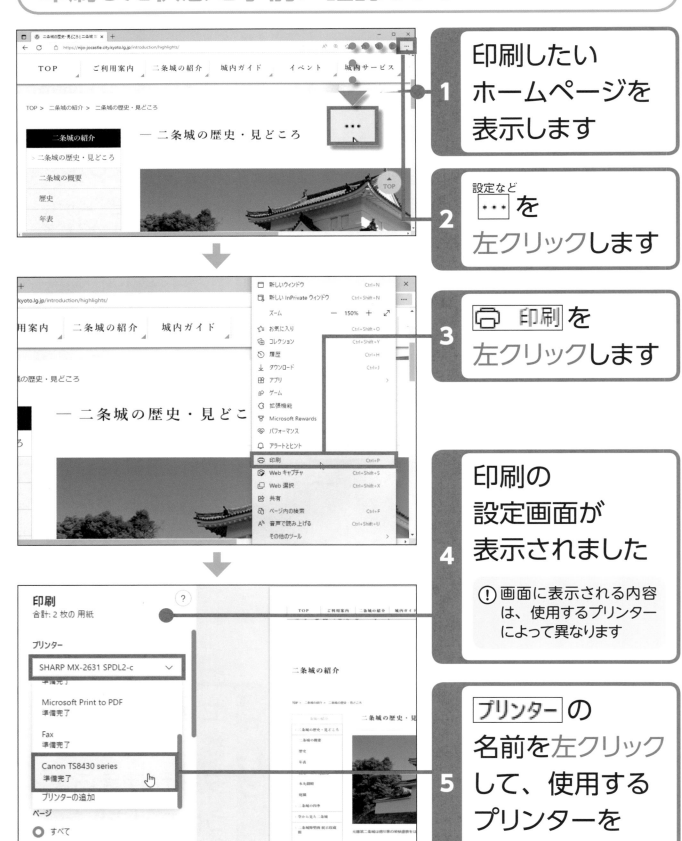

1 印刷したい
ホームページを
表示します

2 設定など
··· を
左クリックします

3 🖶 印刷 を
左クリックします

4 印刷の
設定画面が
表示されました

⚠ 画面に表示される内容
は、使用するプリンター
によって異なります

5 プリンター の
名前を左クリック
して、使用する
プリンターを
左クリックします

印刷プレビューで印刷した状態を確認します

6

⚠ ページに収まっていない場合は、向きや用紙サイズ、縮小率などを変更します（97ページ参照）

印刷プレビューは、プリンターで印刷した状態を事前に確認するものです

次へ ▶

Column ページが複数にわたる場合

ホームページが複数のページにわたって印刷される場合は、印刷プレビューの右に表示されるスクロールバーをドラッグするか、マウスのホイールを利用して印刷範囲を確認します（82〜83ページ参照）。

印刷を実行しよう

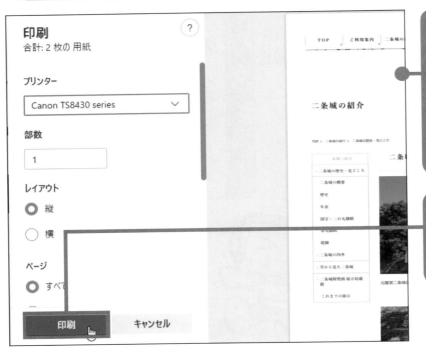

1 95ページの印刷プレビューの状態から続けて操作します

2 **印刷** を 左クリックします

3 もとの画面に戻ります

4 プリンターではホームページが印刷されました

印刷プレビューで
表示されているとおりに
印刷されます

おわり

Column　印刷の部数や向きなどを設定する

印刷プレビュー画面では、印刷の部数や向き、ページ範囲、カラー／白黒印刷などを設定することができます。用紙サイズや拡大／縮小率などを変更したい場合は、その他の設定 ∨ を左クリックします。

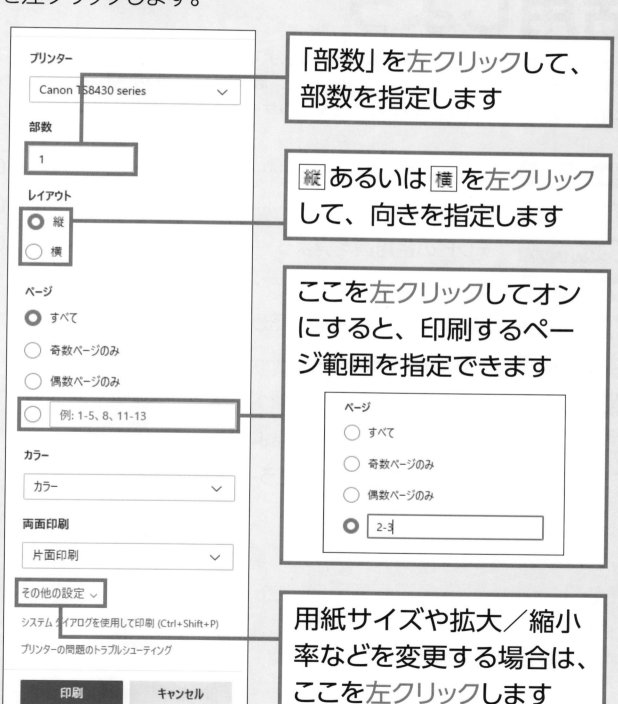

「部数」を左クリックして、部数を指定します

縦 あるいは 横 を左クリックして、向きを指定します

ここを左クリックしてオンにすると、印刷するページ範囲を指定できます

用紙サイズや拡大／縮小率などを変更する場合は、ここを左クリックします

便利なホームページを活用しよう

ホームページを利用すると、さまざまな情報を入手できます。生活に役立つニュースや天気予報は最新の情報が配信されています。また、地図では目的地の情報や経路を調べることができます。そのほか、動画やラジオなどのサービスを活用してみましょう。

この章でできるようになること

ニュースなどの情報を見ることができます! ➡100〜105ページ

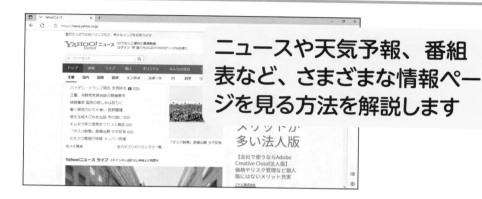

ニュースや天気予報、番組表など、さまざまな情報ページを見る方法を解説します

地図を活用することができます! ➡106〜117ページ

目的地の検索や経路の確認、お店の情報、電車の乗り換え案内を調べる方法を覚えましょう

動画やラジオを視聴できます! ➡118〜123ページ

パソコンで動画やラジオを視聴できます

ニュースを見よう

ホームページからニュースページを開いて、国内外さまざまな分野のニュースを読むことができます。ここでは、Yahoo!ニュースを利用します。

操作に迷ったときは… 左クリック **19** ページ

Yahoo!のニュースページを開こう

1 78ページの方法でYahoo!のホームページを表示します

2 ニュース を左クリックします

ニュースは、Yahoo!のトップページにも表示されています

3 ニュースのページが表示されました

気になるニュースを見よう

1 気になるニュースの見出しを左クリックします

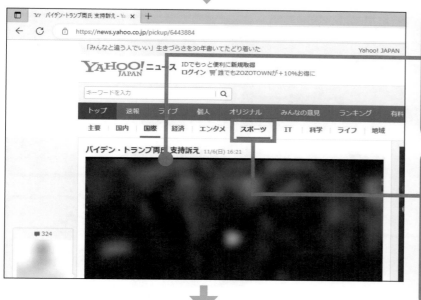

2 ニュースの内容が表示されました

3 ジャンルを左クリックします

> ⚠ ここでは「スポーツ」を選択します

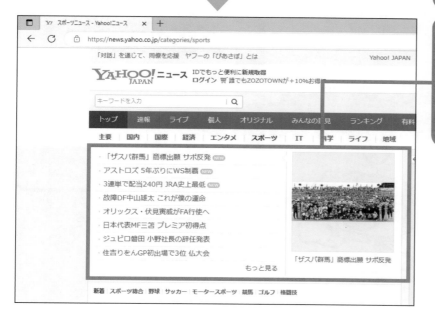

4 スポーツのニュース一覧が表示されました

おわり

天気予報を見よう

いろいろな地域の天気予報や防災情報を見ることができます。ここでは、
Yahoo!天気・災害を利用します。

操作に迷ったときは… ▷ 左クリック **19** ページ

Yahoo!の天気・災害ページを開こう

1 78ページの方法でYahoo!のホームページを表示します

2 天気・災害 を左クリックします

3 全国の天気が表示されました

① 日付を左クリックすると、天気予報が切り替わります

Yahoo!のトップページにも
今日・明日の天気が
表示されています

地域の天気予報を見よう

1 画面の下方に移動して、都道府県の一覧を表示します

2 調べたい地域を左クリックします

3 指定した地域の天気予報が表示されました

おわり

4章 便利なホームページを活用しよう

Column　関連する情報を見るには

画面の右側に、防災情報や天気情報がまとめられています。左クリックすると、各情報を見ることができます。

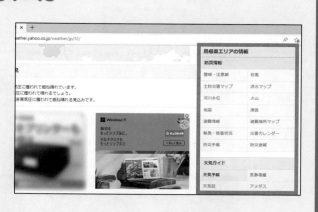

テレビの番組表を見よう

パソコンでテレビの番組表を見ることができます。日付や時間帯を指定して、各チャンネルを調べられます。ここでは、Yahoo!の番組表を利用します。

操作に迷ったときは… 左クリック **19** ページ ドラッグ **20** ページ

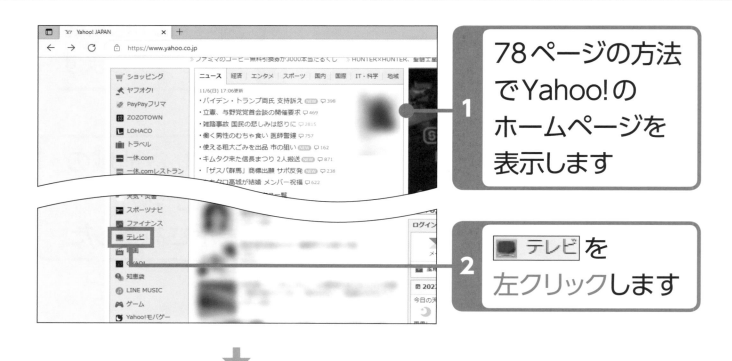

1 78ページの方法でYahoo!のホームページを表示します

2 ■ テレビ を左クリックします

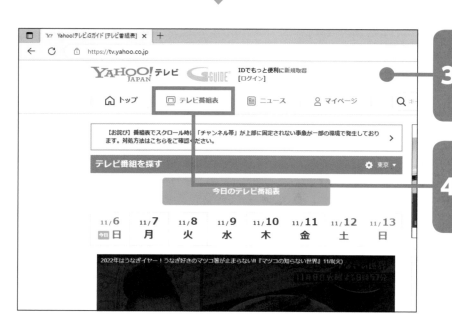

3 テレビのページが表示されました

4 □ テレビ番組表 を左クリックします

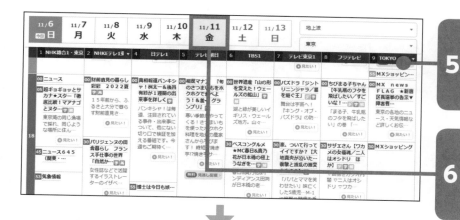

5 テレビ番組表が
表示されました

6 見たい日付を
左クリックします

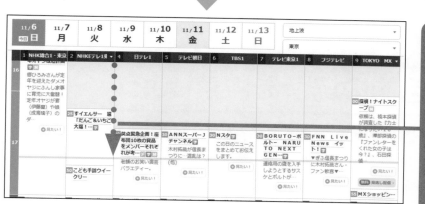

7 ドラッグして
見たい時間帯を
表示します

！ BS放送に切り替えるには、「地上波」を左クリックして選択します

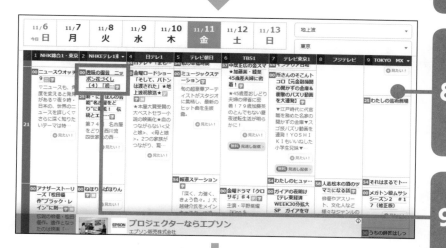

8 見たい日時の
番組表が
表示されました

9 見たい番組を
左クリックします

番組詳細

NHKEテレ1東京 - 地上波
趣味の園芸

この番組を見たい数 0人

番組情報 / みんなの感想

< 前の放送
放送日時・内容
11/11 金 21:00 ～ 21:25
最終更新日：2022/11/04（金）01:00

趣味の園芸　ニッポン花づくし（4）「初恋草～福岡県～」

花の魅力を産地別に探る「ニッポン花づくし」。第4回は初恋草。福岡県久留米市の日本最大の産地を訪ね、その魅力と栽培方法などを紹介。三上真史（園芸デザイナー・タレント）

番組内容

初恋草はオーストラリアやニュージーランド原産の常緑低木。チョウのようなかわいい花が秋から春ま

水曜　13:05～13:30
水曜　13:05～13:30
金曜　21:00～21:25
金曜　21:00～21:25

公式サイト（外部サイト）
> 番組公式サイト

今後の放送スケジュール

2022/11/09 13:05～13:30
> 趣味の園芸　ニッポン花づくし（4）「初恋草～福岡県～」

2022/11/09 13:05～13:30
> 趣味の園芸　ニッポン花づくし（4）「初恋草～福岡県～」

2022/11/11 21:00～21:25
> 趣味の園芸　ニッポン花づくし（4）「初恋草～福岡県～」

2022/11/11 21:00～21:25
> 趣味の園芸　ニッポン花づくし（4）「初恋草～福岡県～」

10 番組の情報が
表示されました

おわり

地図を表示しよう

地図を表示して、目的地を検索してみましょう。地図の表示は、拡大／縮小したりして見やすいように変更できます。ここでは、Googleマップを利用します。

操作に迷ったときは… 左クリック **19** ページ ドラッグ **20** ページ 入力 **40** ページ

Googleマップで目的の場所を検索しよう

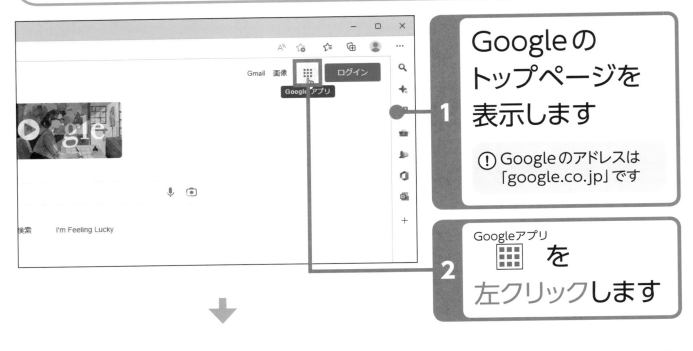

1 Googleの
トップページを
表示します

⚠ Googleのアドレスは
「google.co.jp」です

2 Googleアプリ
▦ を
左クリックします

3 メニューが
表示されました

4 マップ
📍 を
左クリックします

Google マップが表示されました

5

⚠ 最初に表示される地図は、パソコンの設置住所などによって異なります

6 検索ボックスを左クリックします

検索したい場所を入力します

7

⚠ ここでは「犬吠埼」と入力します

8 エンター
Enter キーを押します

検索場所の地図と情報が表示されました

9

次へ ▶

地図を移動しよう

地図上を
ドラッグします

1

⚠ ドラッグするとポインターの形が ⊕ になります

2 地図の表示位置
が移動しました

3 情報ウィンドウが
じゃまな場合は、
サイドパネルを折りたたむ
◀ を
左クリックします

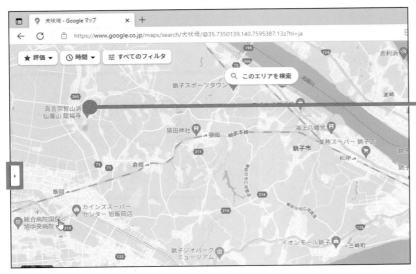

4 情報ウィンドウが
非表示に
なりました

⚠ 再度表示するには ▶ を
左クリックします

地図を拡大／縮小しよう

1 画面右下の <ruby>＋<rt>ズーム</rt></ruby> を
左クリックします

⚠ マウスのホイールを前後
に動かしても、拡大／
縮小できます

2 地図が拡大表示
されました

3 <ruby>－<rt>ズーム</rt></ruby> を2回
左クリックします

4 地図がもとの
表示より
縮小されました

＋ や － にポインターを合わせ
て スライダを表示 を左クリックす
ると、ズームスライダが表示さ
れます。スライダを上下にドラッ
グしても拡大／縮小できます

おわり

目的地までの経路を確認しよう

地図を使って、目的地までの経路を調べることができます。ルート検索では、車、徒歩、電車などの移動手段に合わせて、地図上に経路が示されます。

操作に迷ったときは… > 左クリック **19** ページ   キー **36** ページ   入力 **40** ページ

Googleマップでルートを検索しよう

1 106ページの方法でGoogleマップを表示します

2 検索ボックスに目的地を入力して、⬥ルートを左クリックします

⚠ ここでは「秩父神社」と入力します

3 検索ウィンドウが表示されました

4 移動手段（ここでは🚗車）を左クリックします

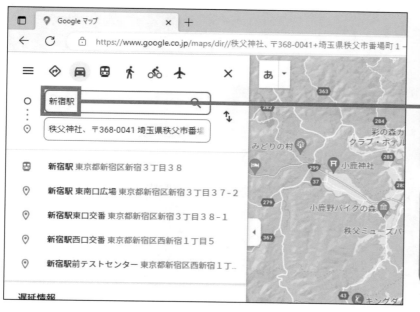

5 出発地を入力します

(!) ここでは「新宿駅」と入力します

6 Enter キーを押します

エンター

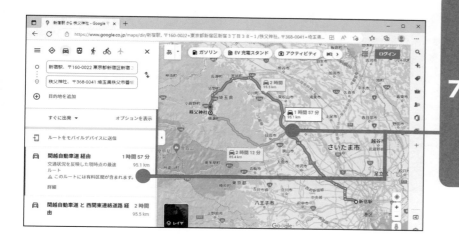

7 ルートが表示されました

(!) 複数のルートがある場合は、最適なルートが青色で、ほかは灰色で表示されます

次へ ▶

Column オプションを設定する

検索ウィンドウの オプションを表示 を左クリックすると、高速道路を使わないなどの設定をすることができます。 閉じる を左クリックすると、オプション画面が閉じます。

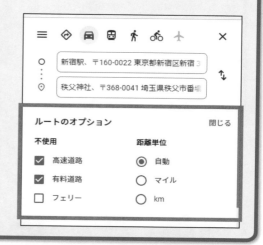

電車のルートを確認しよう

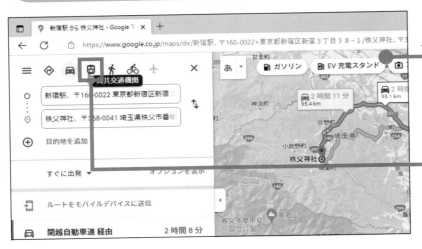

1 ルートの結果画面を表示します

2 公共交通機関 を左クリックします

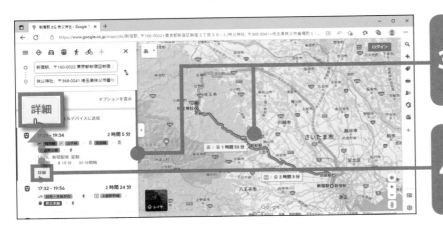

3 電車でのルートが表示されました

4 詳細 を左クリックします

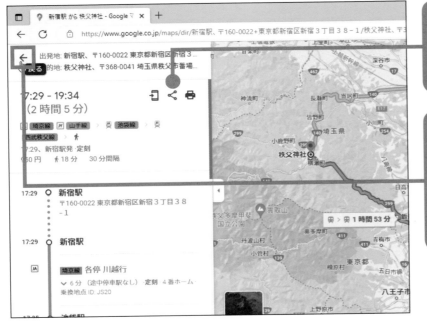

5 詳細情報が表示されました

6 戻る ← を左クリックして、もとの画面に戻ります

出発日時を指定して検索しよう

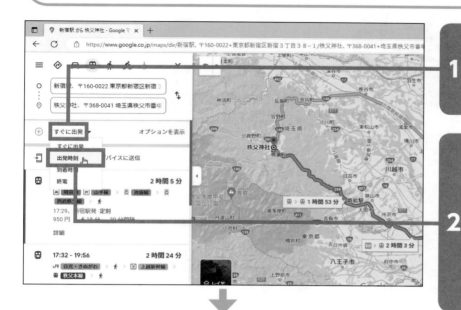

1 すぐに出発 ▼ を左クリックします

2 出発時刻 を左クリックします

! 到着時刻 で検索すると、指定時刻に着く行程が検索されます

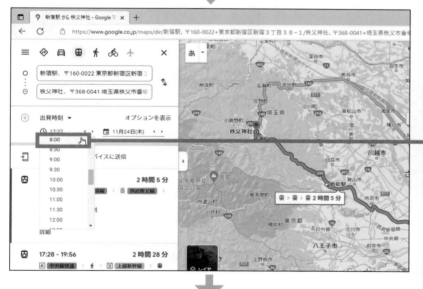

3 時刻を左クリックして、出発時刻を指定します

4 日付を左クリックして、出発日を指定します

5 指定した日時でルートが再検索されます

おわり

113

お店の情報を調べよう

目的地周辺の情報は、事前に調べておくと便利です。特に食事するお店などは、場所だけでなく、店内の様子などもわかっていると安心です。

操作に迷ったときは…> 左クリック **19** ページ ドラッグ **20** ページ 入力 **40** ページ

1 106ページの方法でGoogleマップを表示します

2 検索ボックスに目的地と業態を入力して Enter キーを押します

⚠ ここでは「福岡市　韓国料理」と入力します

3 結果がウィンドウと地図に表示されました

4 地図上のお店を左クリックします

お店の
5 情報画面が
表示されました

結果の一覧から
お店を選んでも、
情報が表示されます

下へドラッグする
6 と、写真や口コ
ミなどの情報が
表示されます

閉じる
🗙 を左クリック
7 して画面を
閉じます

⚠ 結果のウィンドウを閉じ
るには、🗙 を左クリック
します

おわり

電車の乗り換え案内を調べよう

電車で遠出するときは、乗り換えを調べておくとよいでしょう。乗り換え案内のサービスはたくさんありますが、ここでは Yahoo! 路線情報を利用します。

操作に迷ったときは… 左クリック **19** ページ　入力 **40** ページ

1 78ページの方法でYahoo!のトップページを表示します

2 路線情報 を左クリックします

3 路線情報のページが表示されました

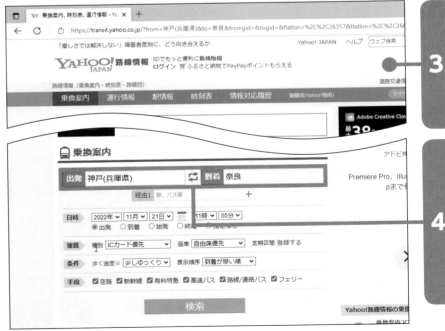

4 出発 と 到着 に目的の駅名（「神戸」と「奈良」）を入力します

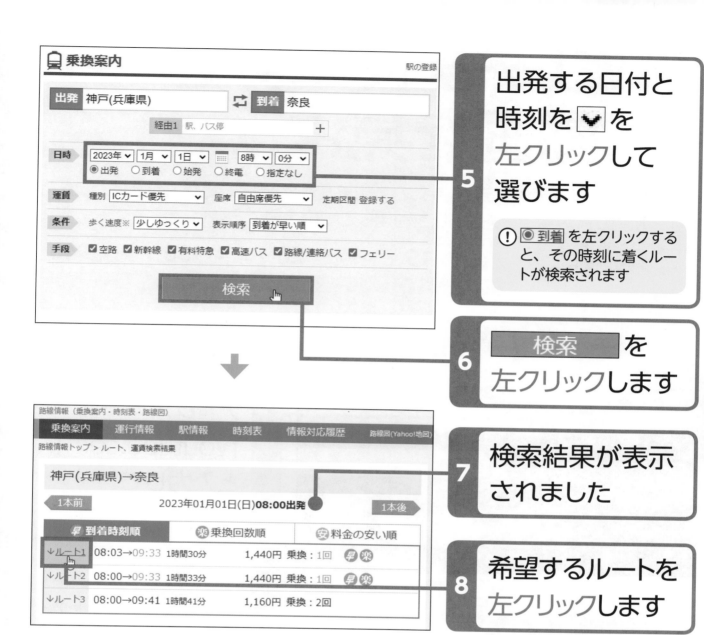

5 出発する日付と時刻を ▼ を左クリックして選びます

⚠ ◎到着 を左クリックすると、その時刻に着くルートが検索されます

6 検索 を左クリックします

7 検索結果が表示されました

8 希望するルートを左クリックします

9 乗り換えの詳細が表示されました

手順 **5** の画面でそのほかの条件も指定すると、検索結果を絞り込めますよ

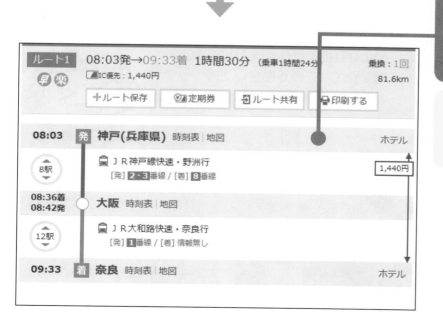

おわり

ユーチューブで動画を見よう

インターネット上ではさまざまなジャンルの動画を見ることができます。ここでは、動画サイトのユーチューブを利用して動画を見てみましょう。

操作に迷ったときは… > 左クリック **19** ページ ドラッグ **20** ページ キー **36** ページ 入力 **40** ページ

ユーチューブ (YouTube) を開こう

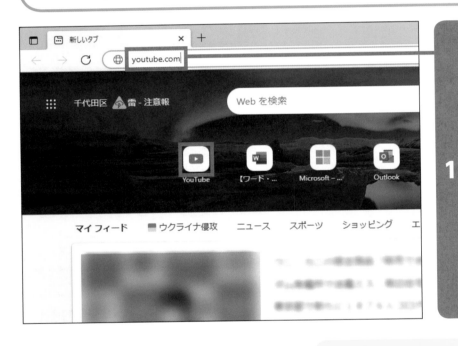

1 アドレスバーに「youtube.com」と入力して、
Enter（エンター） キーを押します

① 106ページのGoogleアプリからでもYouTubeを表示できます

YouTubeがクイックリンクに表示されている場合、左クリックするとすぐに表示できます

2 YouTube が表示されました

動画を検索しよう

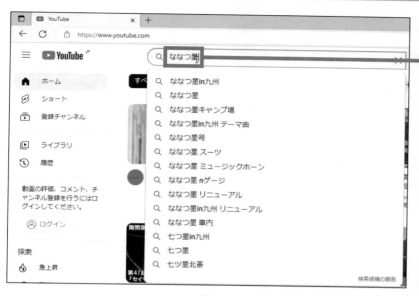

1 検索ボックスに
キーワードを
入力します

> ⚠ ここでは「ななつ星」と
> 入力します

2 エンター
Enter キーを
押します

3 動画が
検索されました

4 ドラッグして、
見たい動画を
探します

次へ ▶

119

動画を再生しよう

1 見たい動画を
左クリックします

⚠️ タイトル部分を左クリックしても再生されます

2 画面表示が
変わり、
自動的に動画が
再生されます

⚠️ 画面上を左クリックすると、動画が停止します

3 画面上に 🔲 _{ポインター} を
移動すると、
操作バーが表示
されます

⚠️ 操作バーに表示される項目は、再生する動画によって異なります

動画再生画面を確認しよう

❶ 一時停止／再生
⏸ を左クリックすると停止、
▶ で再生します。

❷ 次へ
関連する動画が順に再生されます。

❸ 音量／ミュート
音量を調整します。

❹ シークバー
動画の再生時点とサムネイルを表示します。

❺ 設定
画質などを設定します。

❻ ミニプレーヤー
縮小版の画面表示になります。⧉ を左クリックすると、もとの表示に戻ります。

❼ シアターモード
横長の画面表示になります。▭ を左クリックすると、もとの表示に戻ります。

❽ 全画面
全画面の表示になります。⛶ を左クリックするか、ESC キーを押すと、もとの表示に戻ります。

おわり

パソコンでラジオを聴こう

パソコンでもラジオを聴くことができます。ここでは、「ラジコ (radiko)」というサービスを利用します。ラジオ番組を選んで聴いてみましょう。

操作に迷ったときは… ＞ 左クリック **19** ページ キー **36** ページ 入力 **40** ページ

ラジコを開こう

1 アドレスに「radiko.jp」と入力して、<kbd>Enter</kbd>（エンター）キーを押します

2 ラジコのページが表示されました

⚠ 利用規約の画面が表示された場合は、「承諾してradikoを利用する」を左クリックします

3 ラジオ局を左クリックすると、放送中の番組を再生できます

タイムフリー では、過去1週間以内の番組を再生できます

ラジオ番組を選んで聴こう

1 **番組表** を
左クリックします

2 ◀ や ▶ を左ク
リックして、ラジ
オ局を選びます

3 聴きたい番組を
左クリックします

4 ▶ 再生する を
左クリックします

5 ラジオ番組が
再生されました

6 停止するには
⏸ 停止する を
左クリックします

おわり

スマホやデジカメの写真を楽しもう

スマートフォン（スマホ）やデジタルカメラ（デジカメ）の写真は、パソコンに取り込むことができます。取り込んだ写真をきれいに修整・加工したり、デスクトップの壁紙にしたりして楽しみましょう。また、写真の印刷方法や、USBメモリーに保存する方法も覚えましょう。

この章でできるようになること

パソコンでスマホの写真を見ましょう！　→126〜139ページ

パソコンにスマホや
デジカメの写真を
取り込んで見る方法や、
写真の回転、削除など、
覚えておくと便利な
操作を解説します

写真の修整や印刷ができます！　→140〜151ページ

写真を修整したり、
加工したり、印刷したり
する方法を覚えましょう

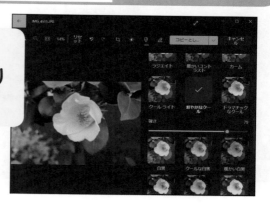

写真をUSBメモリーにコピーできます！　→152〜153ページ

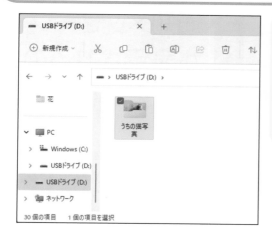

写真をUSBメモリーに
コピーすると、遠くにいる
家族や友達に見てもらう
こともできますよ

パソコンに写真を取り込もう

スマホやデジカメの写真をパソコンに取り込むには、USBケーブルでパソコンと接続します。ここでは、「フォト」アプリで取り込みます。

操作に迷ったときは… > 左クリック **19** ページ タップ **21** ページ

スマホの写真を取り込む準備をしよう

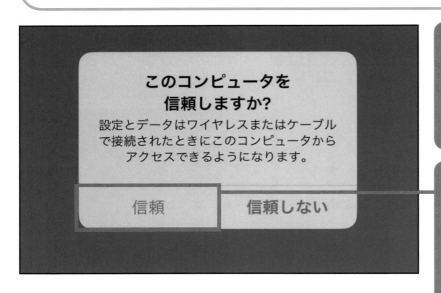

このコンピュータを
信頼しますか?

設定とデータはワイヤレスまたはケーブルで接続されたときにこのコンピュータからアクセスできるようになります。

信頼　　信頼しない

1 スマホをUSBケーブルでパソコンに接続します

2 スマホで 信頼 をタップします

① スマホによって表示は異なります

自動再生
Apple iPhone
選択して、このデバイスに対して行う操作を選んでください。

11:07
2022/10/10

3 通知メッセージが表示されるので、左クリックします

① メッセージが表示されない場合、129ページを参照してください

ここではスマホを使いますが、デジカメやメモリカードなどでも同じです

4 写真とビデオのインポート フォト を
左クリックします

5 スマホ内の
写真が表示
されました

6 インポートした
い写真の ■ を
左クリックして
オンにします

7 選択したら、
ここを左クリック
します

(!) すべての写真を選択する
場合は ■ すべて選択 を左ク
リックしてオンにします

次へ ▶

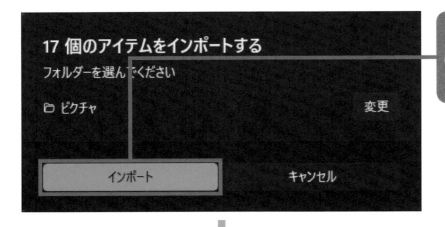

8 インポート を
左クリックします

9 インポートが
実行されます

10 選択した写真が
インポートされ
たら、すべての写真 を
左クリックします

11 インポートされ
た写真が表示さ
れます

⚠ ✕ を左クリックすると
「フォト」アプリが終了し
ます

取り込みが終了したら、パソコンから
USBケーブルを取り外します。デジカ
メを接続している場合は、デジカメの
電源を切ってから取り外します

おわり

通知メッセージが表示されない場合

スマホやデジカメなどをUSBケーブルで接続したときに通知メッセージが表示されない場合は、「フォト」アプリを使って写真をインポートします。

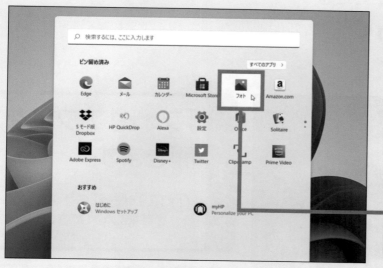

1 スタートメニューを表示します

2 フォト ![](を左クリックします

3 ![](インポート を左クリックします

4 使用するメディアを左クリックします

5 127ページの手順5の画面が表示されます

写真一覧の表示方法を変更しよう

「すべての写真」を開くとインポートされている写真が一覧で表示されます。
この表示方法を変更することができます。

操作に迷ったときは… > 左クリック **19** ページ

1 「フォト」アプリを開きます

⚠ 129ページの手順❶❷を参照してください

すべての写真

2 🖼 を
左クリックします

ギャラリーの種類とサイズ

3 🔲 を
左クリックします

4 現在の表示方法がオンになっています

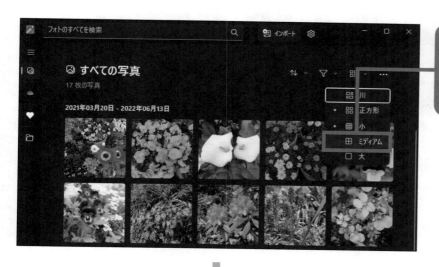

5 ⊞ ミディアム を
左クリックします

6 表示が
変わりました

(!) 画面が小さい場合は、
右上の ▢ を左クリックし
て全画面表示にします

おわり

Column 並べ替えて表示する

↑↓ ⌄ を左クリックすると、作成日や撮影日、昇順／降順など並べ替えの種類が表示されます。写真をどの順に表示したいか目的に合わせて、表示方法を変更するとよいでしょう。

取り込んだ写真を見よう

パソコンに取り込んだ写真を見てみましょう。「フォト」アプリを使用すると、一覧で表示して見たり、拡大して見たりすることができます。

操作に迷ったときは… > 左クリック **19** ページ 右クリック **19** ページ ダブルクリック **20** ページ

1 「フォト」アプリを開きます

⏺ 129ページの手順 1 2 を参照してください

2 取り込んだ写真が一覧で表示されます

3 見たい写真をダブルクリックします

写真を右クリックして「開く」を左クリックしても、写真を表示できます

4 写真が拡大して表示されました

5 ポインター

を移動して
前へ
を左クリックします

6 前の写真に切り替わりました

! を左クリックすると、次の写真に切り替わります

7 写真のサムネイルを左クリックします

8 写真が切り替わりました

9 閉じる
を左クリックして画面を閉じます

おわり

写真を拡大／縮小 してみよう

写真の細かい部分が見えにくいときは、拡大して表示させます。🔍 を左クリックするたびに2〜3%ずつ拡大されます。

操作に迷ったときは… 左クリック **19** ページ

1 132ページの 方法で写真を 表示させます

2 拡大 🔍 を 左クリックします

3 拡大表示されま した

4 今度は 拡大 🔍 を2回 左クリックします

5 2段階拡大され
ました

6 縮小
🔍 を
左クリックします

7 1段階縮小され
ました

8 縮小
🔍 を2回
左クリックします

9 もとの表示に
戻りました

••• を左クリックして
🗗 全画面表示 を左ク
リックすると、全画面
表示になります

おわり

横向きの写真を
回転しよう

カメラの向きが自動判定されずに、写真が90度横向きになったり、上下反転
したりする場合があります。この場合は、回転させましょう。

操作に迷ったときは… ▷ 左クリック **19** ページ ダブルクリック **20** ページ

1 130ページの
方法で写真を
一覧表示します

2 横向きの写真を
ダブルクリックし
ます

3 写真が拡大して
表示されました

回転
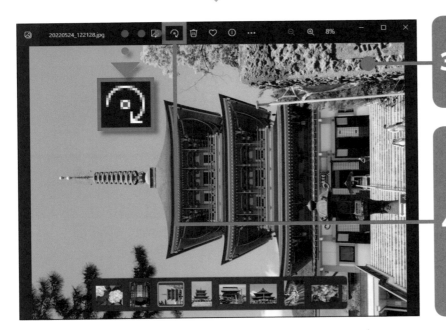 **4** 🔄 を
左クリックします

⚠ 🔄 を左クリックするたび
に、時計回りに90度ず
つ回転します

5 写真が右方向に90度回転されました

6 <ruby>閉じる<rt></rt></ruby> ✕ を左クリックして画面を閉じます

7 もとの画面が表示されます

8 写真が縦に変更されています

おわり

Column 画面の切り替え

写真の画面を閉じずに 🖼 を左クリックすると、もとの一覧画面が表示されます。タスクバーの 🖼 に ⬆ を合わせると、開いている画面が表示されるので左クリックして切り替えることができます。

不要な写真を
削除しよう

パソコンに取り込んだ写真は、自由に削除することができます。撮影に失敗した写真など、不要なものは削除しましょう。

操作に迷ったときは… > 左クリック **19** ページ

1　130ページの方法で写真を一覧表示します

2　削除したい写真に ポインター を移動します

3　写真の右上に ■ が表示されるので、左クリックします

写真に ☑ が付い
て選択されました

⚠ 誤って選択した場合は、
☑ を左クリックして選
択を解除します

もっと見る
⋯ を
左クリックします

5

🗑 削除 を
左クリックします

6

写真が
削除されました

7

削除されたファイルは「ごみ箱」
に移動します。180ページを
参照してください

おわり

写真を修整しよう

うまく撮影できなかった写真は、編集機能を使って補正したり、トリミングしたりしてみましょう。修整した写真は、もとの写真とは別にコピーとして保存します。

操作に迷ったときは… 左クリック **19** ページ ドラッグ **20** ページ 入力 **40** ページ

写真を補正しよう

1 修整したい写真を拡大表示します

画像の編集
 を
2 左クリックします

フィルター
 を
3 左クリックします

4 メニューが表示されます

5 種類を
左クリックします

6 自動的に
補正されます

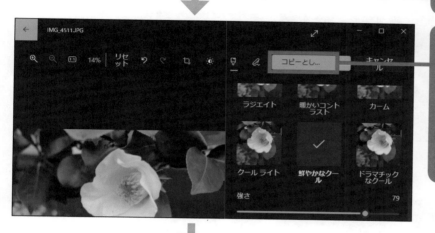

7 コピーとして保存 を
左クリックします

ⓘ 「強さ」のバーをドラッグ
して調整できます

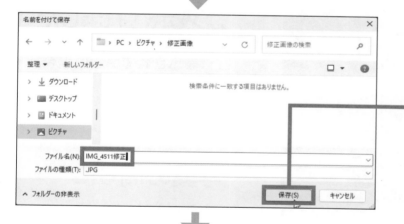

8 66ページを参照
してファイルを
保存します

ⓘ もとの写真はそのまま
残っています

9 写真一覧の
画面で、
修整した写真も
表示されます

次へ ▶

写真をトリミングしよう

1 トリミングしたい
写真を
拡大表示します

2 画像の編集
📷 を
左クリックします

3 トリミングの画面
が表示されました

① 表示されていない場合
は 🔲 を左クリックしま
す

4 写真の周りに
ハンドルが表示
されています

5 ハンドルを
右方向へ
ドラッグします

6 左側の不要な部分が隠れました

トリミングとは必要な部分を表示させる（不要な部分を隠す）機能で、もとの写真に影響はありません

7 右側も同様にしてトリミングします

8 トリミングされました

9 141ページの方法でコピーとして保存します

おわり

| Column | 写真の変更を取り消す |

補正やトリミングなど写真を修整したあとで、変更を取り消したい場合は、**リセット** を左クリックします

5章 スマホやデジカメの写真を楽しもう

143

写真に文字を入れてみよう

「フォト」アプリには、写真に文字を書ける機能があります。注目してほしい部分を示したり、コメントを入れたりすることができます。

操作に迷ったときは… > 左クリック **19** ページ ドラッグ **20** ページ

1 140ページの方法で「画像の編集」画面を表示します

2 ✍ を左クリックします

3 ペン A を左クリックします

4 色を左クリックします

ペンの太さやマーカーも選べます

5 写真の上を
ドラッグします

6 線や文字が
書けました

消しゴム
7 を
左クリックします

! を左クリックするとすべての文字が消えます

IMG_4525.JPG
20% リセット コピーとし... キャンセル

8 文字を左クリック
すると消えました

! 、 を左クリックすると操作を戻せます

9 141ページの方
法でコピーとし
て保存します

おわり

写真をデスクトップの
壁紙にしよう

デスクトップの背景は自由に変更することができます。お気に入りの写真を
背景にすると、パソコンを使うのが楽しくなります。

操作に迷ったときは… 左クリック **19** ページ

1 デスクトップの
背景にしたい
写真を
拡大表示します

2 もっと見る
■■■ を
左クリックします

3 設定に ポインター を
移動して
合わせます

4 🖼️ **バックグラウンド** を
左クリックします

5 指定した写真が
デスクトップの
背景になりました

おわり

Column　デスクトップの背景をもとに戻す

デスクトップの背景を戻したい場合は、デスクトップ上を右
クリックして、「個人用設定」を左クリックします。もとのテー
マを左クリックすると、もとに戻ります。

1 「個人用設定」を
左クリックします

2 テーマを
左クリックします

写真を印刷しよう

気に入った写真を印刷してみましょう。印刷する前には、必ず印刷状態を確認してください。用紙のサイズや種類を設定してから、印刷を実行します。

操作に迷ったときは… 左クリック **19** ページ

印刷の設定画面を表示しよう

1 印刷したい
写真を拡大表示
します

2 もっと見る
… を
左クリックします

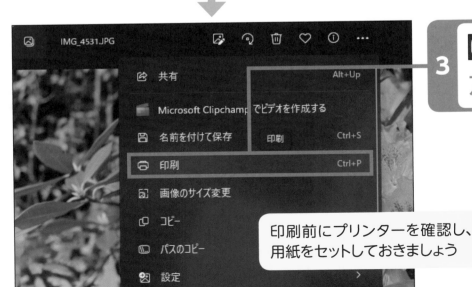

3 🖨 印刷 を
左クリックします

印刷前にプリンターを確認し、用紙をセットしておきましょう

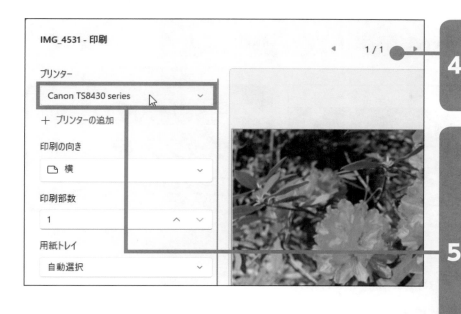

4 印刷の設定画面が表示されました

5 使用するプリンターを左クリックして選択ます

⚠️ 画面に表示される内容は、使用するプリンターによって異なります

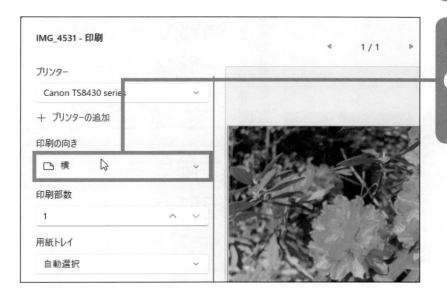

6 写真に合わせて印刷の向きを選択します

次へ ▶

Column その他の設定

印刷の設定項目は、プリンターによって異なります。フチなし印刷や印刷品質などが表示されていない場合は、その他の設定を左クリックして詳細画面で確認しましょう。

自動調整

ページに合わせる

その他の設定

✓ アプリで印刷設定を変更できるようにする

用紙のサイズと種類を選んで印刷しよう

1 用紙サイズ の
ボックスを
左クリックします

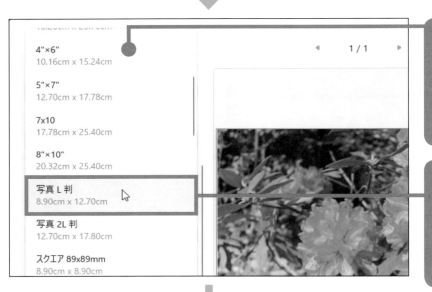

2 用紙サイズの
一覧メニューが
表示されました

3 使用する
用紙サイズを
左クリックします

4 用紙の種類 の
ボックスを
左クリックします

表示される用紙のサイズや
種類は、接続している
プリンターによって異なります

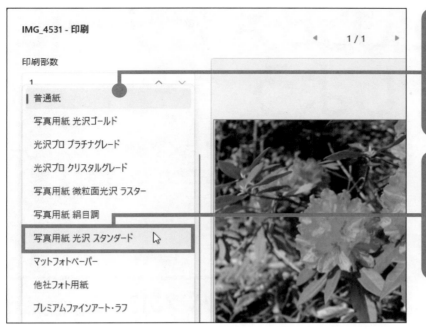

5 用紙の種類の
一覧メニューが
表示されました

6 使用する
用紙の種類を
左クリックします

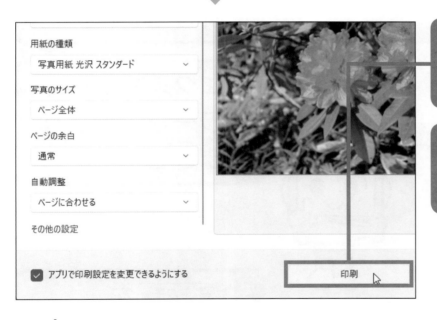

7 印刷 を
左クリックします

8 写真が
印刷されます

おわり

5章

スマホやデジカメの写真を楽しもう

解説 用紙の種類と特徴

・フォト用紙：色の深みや彩度などを美しく再現します。
・光沢紙：インクのにじみを防止して印刷できます。
・マット紙：つや消しコーディングがされているので、落ち着いた風合いに印刷できます。
・普通紙：コピー用紙や文書の印刷に使われます。

写真をUSBメモリーに コピーしよう

大量の写真を保存したり、ほかの人に渡したりするには、小さくて軽いUSBメモリーが最適です。エクスプローラーでかんたんにコピーすることができます。

操作に迷ったときは… > 左クリック **19** ページ

1 パソコンに USBメモリーを 挿し込みます

2 エクスプロー ラーが表示され ました

手順❶のあと、通知メッセージが表示された場合は「 📁フォルダーを開いてファイルを表示」を左クリックします

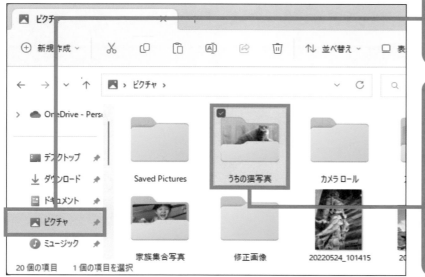

3 🖼 ピクチャ を 左クリックします

4 コピーする フォルダーを 左クリックします

⚠ 個々の写真を選択して もかまいません

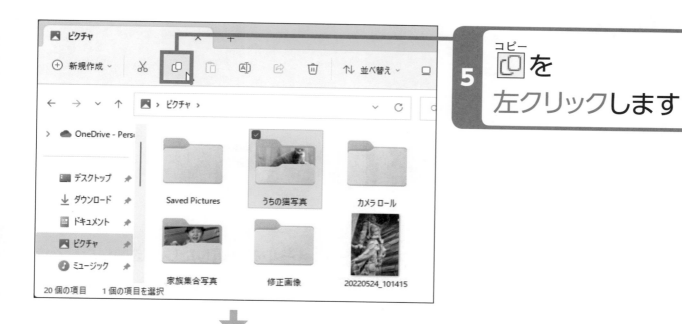

5 コピー を
左クリックします

6 ━ USB ドライブ (D:) を
左クリックします

7 貼り付け を
左クリックします

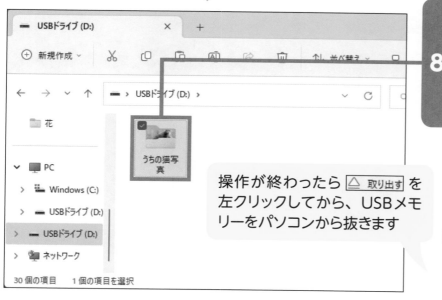

8 USBメモリーに
写真がコピーさ
れました

操作が終わったら 取り出す を
左クリックしてから、USBメモ
リーをパソコンから抜きます

おわり

メールを楽しもう

「メール」アプリで、通常使っているプロバイダーのメールを受信したり、送信したりできるように設定します。基本的なメールの送受信方法を覚えましょう。また、メールに添付されたファイルを見たり、写真をメールに添付したりしてみましょう。

この章でできるようになること

メールを設定できます！ ➡156〜159ページ

「メール」アプリに
プロバイダーのメール
アドレスを設定する
方法を解説します

メールを送受信できます！ ➡160〜167ページ

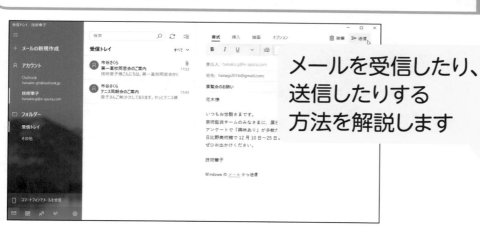

メールを受信したり、
送信したりする
方法を解説します

添付ファイルを扱うことができます！ ➡162、168ページ

メールに添付された
ファイルを保存したり、
メールに写真を
添付したりする
方法を覚えましょう

プロバイダーの メールを設定しよう

はじめに、パソコンに入っている「メール」アプリで、普段使っているプロバイダーのメールアドレスを使えるように設定しましょう。

操作に迷ったときは… 左クリック **19** ページ 入力 **40** ページ

「メール」アプリを開こう

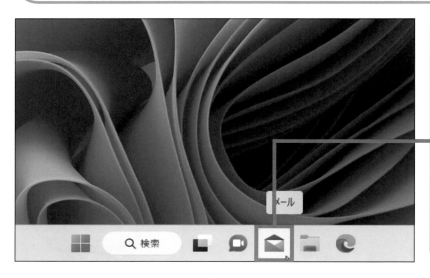

1 タスクバーの メール
📧を
左クリックします

⚠ タスクバーにない場合、スタートメニューまたは「すべてのアプリ」の 📧 を左クリックします

2 「メール」アプリ が開きました

3 設定
⚙を
左クリックします

⚠ Microsoft アカウントでサインインしている メールアドレスが自動的に設定されます

アカウントを追加しよう

1 「設定」画面が表示されました

2 **アカウントの管理** を左クリックします

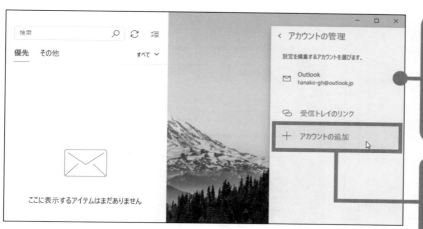

3 「アカウントの管理」画面が表示されました

4 ＋ **アカウントの追加** を左クリックします

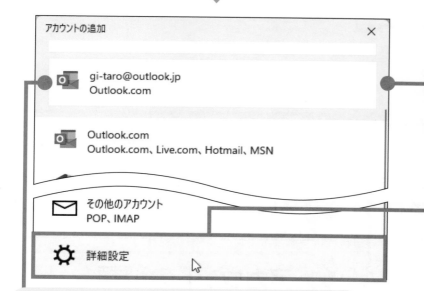

5 「アカウントの追加」画面が表示されました

6 ✿ **詳細設定** を左クリックします

! OutlookやGmailなど利用する場合、アカウントを選択して、画面に従って設定します

次へ ▶

アカウントを設定しよう

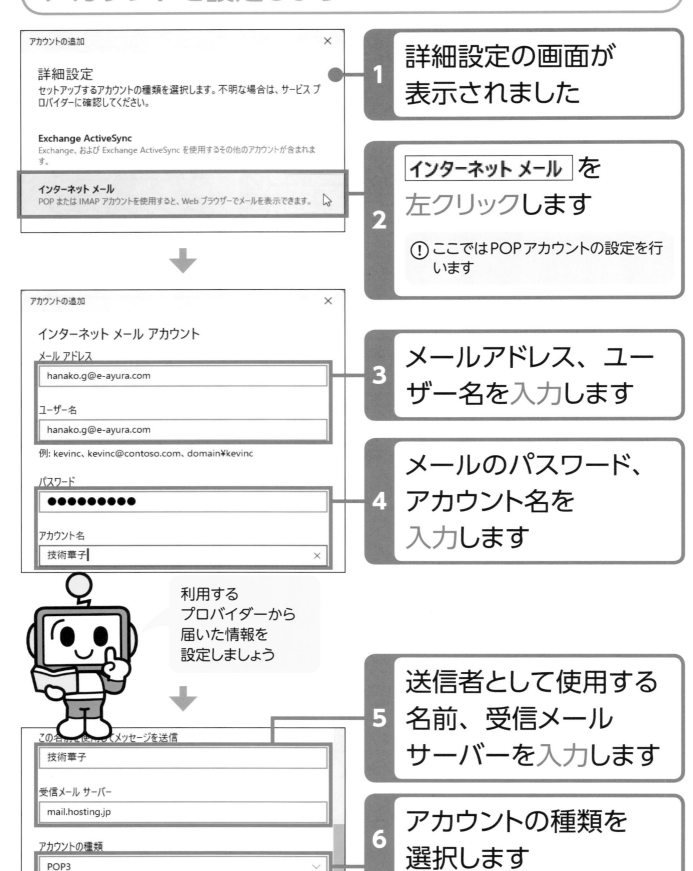

1 詳細設定の画面が表示されました

2 インターネット メール を左クリックします

① ここではPOPアカウントの設定を行います

3 メールアドレス、ユーザー名を入力します

4 メールのパスワード、アカウント名を入力します

利用するプロバイダーから届いた情報を設定しましょう

5 送信者として使用する名前、受信メールサーバーを入力します

6 アカウントの種類を選択します

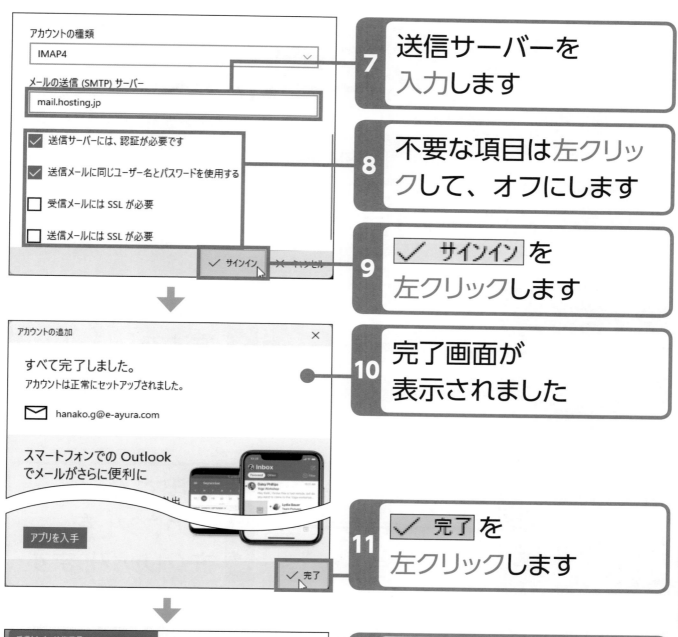

7 送信サーバーを入力します

8 不要な項目は左クリックして、オフにします

9 ✓ サインイン を左クリックします

10 完了画面が表示されました

11 ✓ 完了 を左クリックします

12 アカウントが追加されました

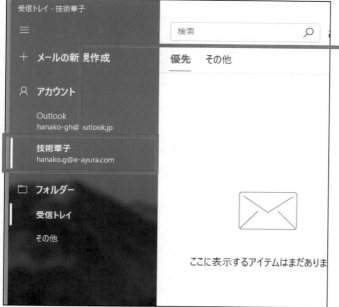

このアカウントでメールのやりとりができます

おわり

159

Section 56 メールを受信しよう

「メール」アプリでは、メールは自動的に受信されるように設定されています。
今すぐ確認したいときは 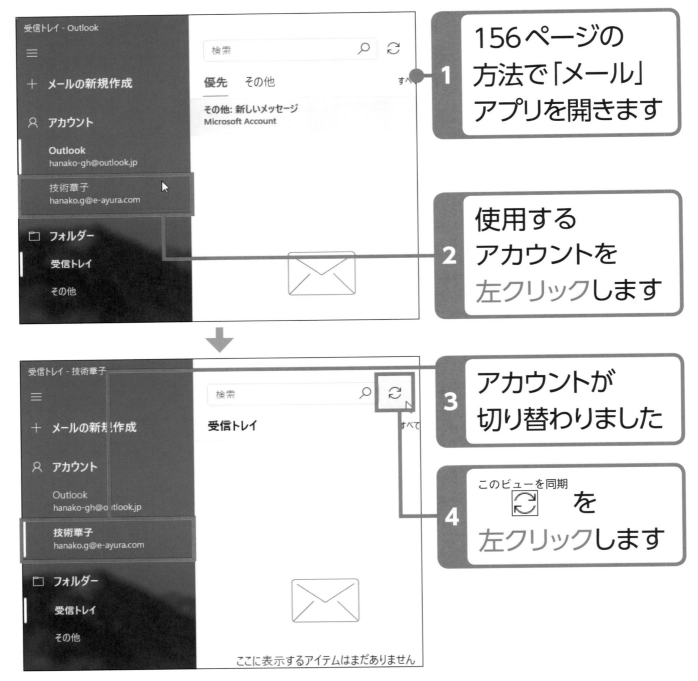 を左クリックします。

操作に迷ったときは… > 左クリック **19** ページ

1 156ページの方法で「メール」アプリを開きます

2 使用するアカウントを左クリックします

3 アカウントが切り替わりました

4 このビューを同期 を左クリックします

ここに表示するアイテムはまだありません

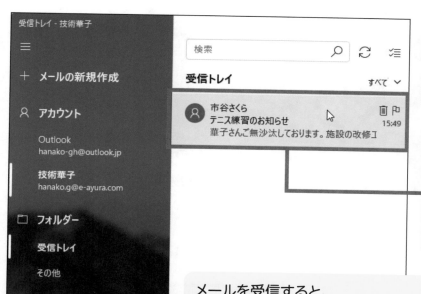

5 メールが受信されました

6 受け取ったメールを左クリックします

メールを受信すると、アカウントと「受信トレイ」に受信したメール数が表示されます

7 メールの内容が表示されました

① 再度メールを左クリックすると、メールの内容が閉じます

おわり

Column　**メールを受信する頻度を変更する**

メールを受信する頻度は変更できます。画面左下の ⚙ を左クリックして、「アカウントの管理」→「(設定するアカウント)」→「メールボックスの同期設定を変更」の順に左クリックし、「新しいメールをダウンロードする頻度」で変更します。

添付されたファイルを保存しよう

文書や写真などのファイルをメールといっしょに受け取ることができます。
ここでは、メールに添付されたファイルをパソコンに保存しましょう。

操作に迷ったときは… 左クリック **19** ページ 右クリック **19** ページ

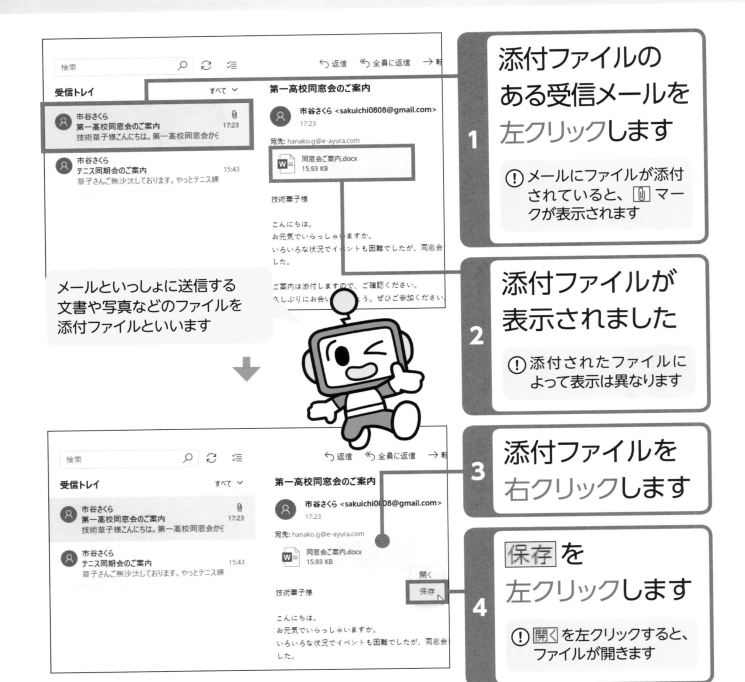

メールといっしょに送信する
文書や写真などのファイルを
添付ファイルといいます

1 添付ファイルの
ある受信メールを
左クリックします

⚠ メールにファイルが添付
されていると、📎マー
クが表示されます

2 添付ファイルが
表示されました

⚠ 添付されたファイルに
よって表示は異なります

3 添付ファイルを
右クリックします

4 保存 を
左クリックします

⚠ 開く を左クリックすると、
ファイルが開きます

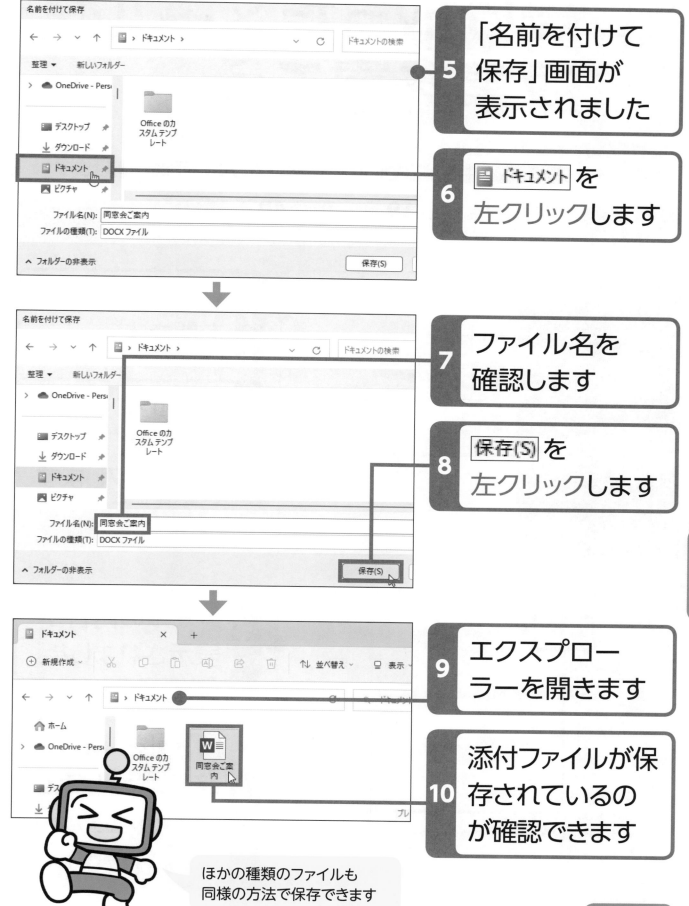

「名前を付けて保存」画面が表示されました 5

ドキュメント を左クリックします 6

ファイル名を確認します 7

保存(S) を左クリックします 8

エクスプローラーを開きます 9

添付ファイルが保存されているのが確認できます 10

ほかの種類のファイルも
同様の方法で保存できます

おわり

163

受け取ったメールに返事を書こう

受け取ったメールに返事を書く場合は、返信機能を使うと便利です。送信者のメールアドレスと件名が自動的に入力されるので、手間が省けます。

操作に迷ったときは… 左クリック **19** ページ 入力 **40** ページ

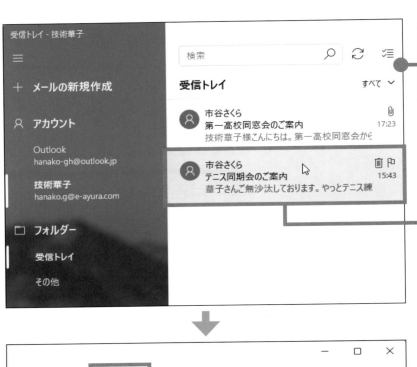

1 「メール」アプリを開きます

2 返信するメールを左クリックします

3 メールの内容が表示されました

4 ↩返信 を左クリックします

⚠ →転送 を左クリックすると、メールをほかの人へ転送することができます

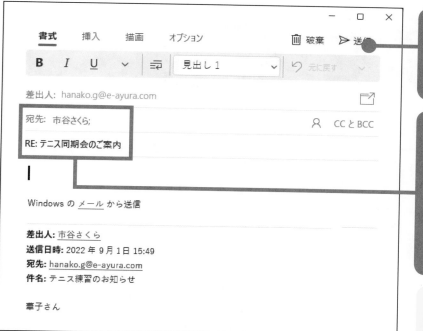

5 返信用の画面が
表示されました

6 送信者の
メールアドレス
と件名が自動的
に入力されます

「件名」には、
返信であることを示す
「RE:」が付きます

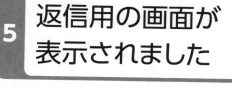

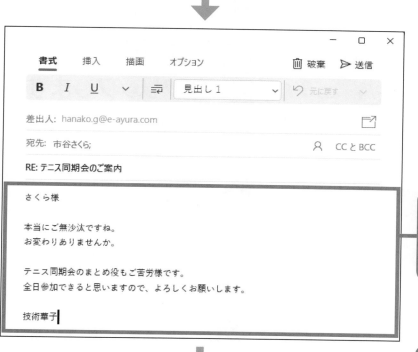

7 返信用の本文を
入力します

8 ▷ 送信 を
左クリックします

9 メールが
返信されます

おわり

メールを送信しよう

メールを送信するには、メールの作成画面を表示して、送信相手のメールアドレス、件名、本文を入力し、▷ 送信 を左クリックします。

操作に迷ったときは… 左クリック **19** ページ 入力 **40** ページ

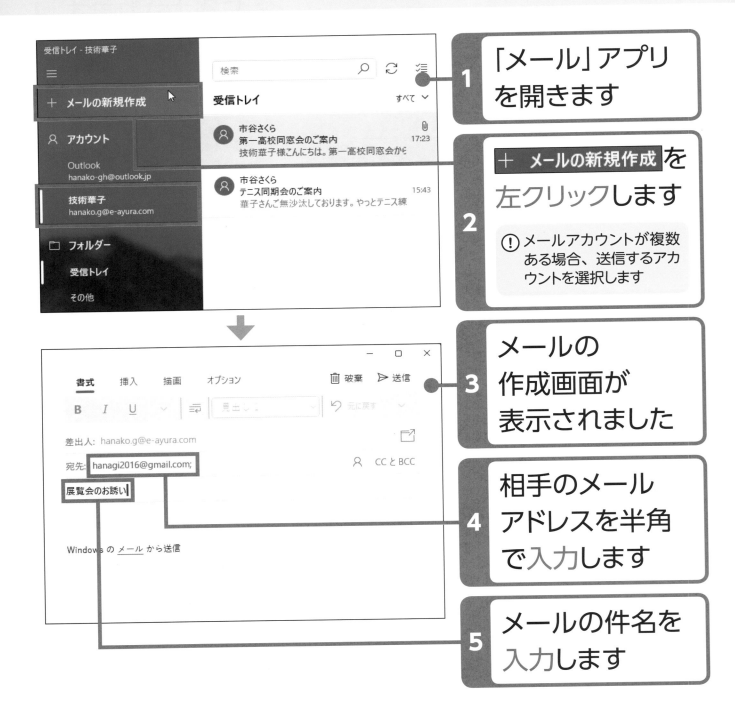

1 「メール」アプリを開きます

2 ＋ メールの新規作成 を左クリックします

① メールアカウントが複数ある場合、送信するアカウントを選択します

3 メールの作成画面が表示されました

4 相手のメールアドレスを半角で入力します

5 メールの件名を入力します

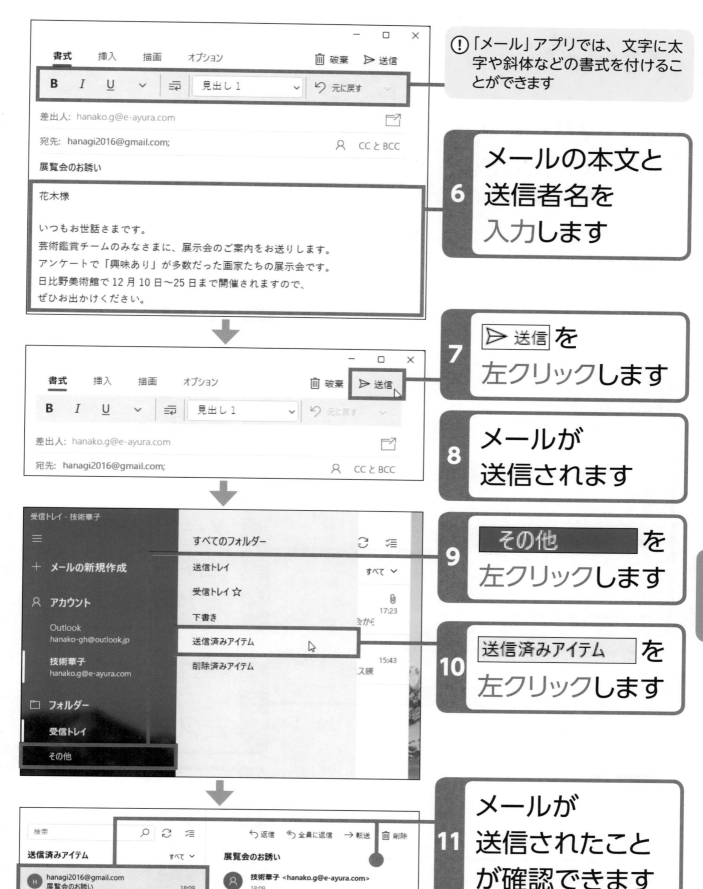

① 「メール」アプリでは、文字に太字や斜体などの書式を付けることができます

6 メールの本文と送信者名を入力します

7 ▷ 送信 を左クリックします

8 メールが送信されます

9 その他 を左クリックします

10 送信済みアイテム を左クリックします

11 メールが送信されたことが確認できます

おわり

メールに写真を
添付しよう

メールでは本文だけでなく、写真や文書などのファイルをメールに添付して
送ることができます。ここでは、写真を添付して送ってみましょう。

操作に迷ったときは… 左クリック **19** ページ ダブルクリック **20** ページ 入力 **40** ページ

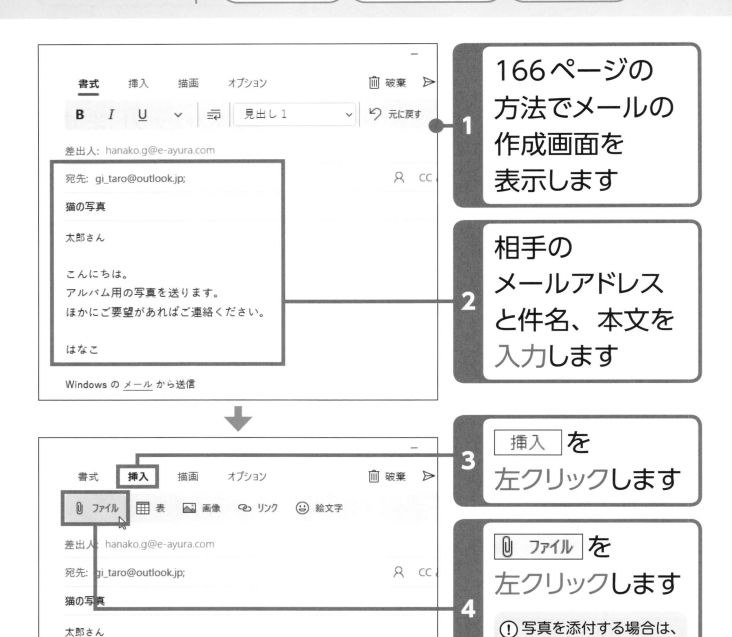

1 166ページの
方法でメールの
作成画面を
表示します

2 相手の
メールアドレス
と件名、本文を
入力します

3 挿入 を
左クリックします

4 ⓪ ファイル を
左クリックします

⚠ 写真を添付する場合は、
ファイル容量が大きすぎ
ないように注意します

5 写真の保存先の
フォルダーを
ダブルクリック
します

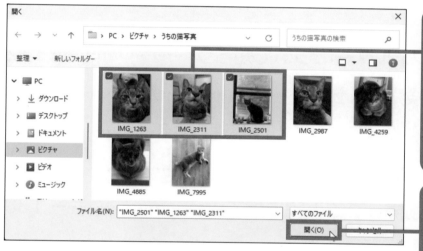

6 左上のを左ク
リックして、添付
するファイルを
選択します

7 開く(O) を
左クリックします

8 ファイルが
添付されました

9 ▷ 送信 を
左クリックします

添付を取り消したい場合は、
写真右上の ✕ を左クリックします

おわり

第7章

ファイルとフォルダーの基本を知ろう

パソコンで作った文書やパソコンに取り込んだ写真などを整理するには、ファイルの扱いやフォルダー管理が欠かせません。ファイルとフォルダーについて理解したら、ファイルを探す方法、新しいフォルダーを作る方法、ファイルをコピー、移動、削除する方法を覚えましょう。

この章でできるようになること

ファイルを検索することができます！ ➡174〜175ページ

ファイルやフォルダーを
探す方法を解説します

フォルダーを作ってファイルを管理できます！➡176〜179ページ

ファイルを整理するための
新しいフォルダーを作る方
法、ファイルのコピーや移
動方法を覚えましょう

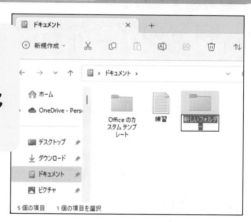

不要なファイルやフォルダーを削除できます！ ➡180〜181ページ

不要になったファイルや
フォルダーを削除する
方法を解説します

ファイルとフォルダー について知ろう

文書や写真データなどを「ファイル」といい、「フォルダー」でファイルを分類して保管します。この仕組みを理解しましょう。ファイルとフォルダーを扱うには、主にエクスプローラーを使います（24ページ参照）。

ファイルとフォルダーとは

パソコンで作った文書やパソコンに入っている写真などを「ファイル」といいます。「フォルダー」は、ファイルを分類して整理するための入れ物のことです。ファイルやフォルダーは、自分の好きな名前を付けて管理できます。

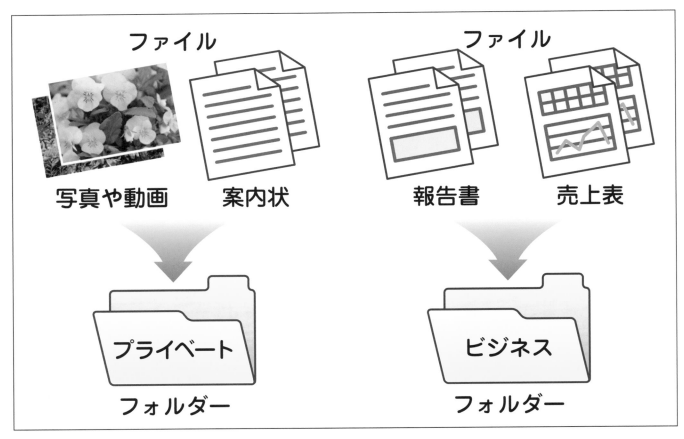

ファイル

ファイル

写真や動画　　　案内状

報告書　　　売上表

プライベート

ビジネス

フォルダー

フォルダー

ファイルとフォルダーの関係

フォルダーは、ファイルの種類や用途別に作成します

フォルダーの中には、複数のファイルを入れることができます

フォルダーの中にフォルダーを作ることもできます

おわり

Column ファイルのアイコン

ファイルは、アイコン（絵柄）で表示され、ファイルの種類によって絵柄が異なります。画像ファイルは、その画像を縮小したものがアイコンになります。

 「ワード」で作成したファイル

 「エクセル」で作成したファイル

 写真のファイル

 文書のテキストファイル

ファイルを検索しよう

ファイルの保存場所を忘れてしまったときは、検索機能を使って探しましょう。検索ボックスとエクスプローラーを利用することができます。

操作に迷ったときは… 左クリック **19** ページ　入力 **40** ページ

1 タスクバーの Q 検索 を左クリックします

2 検索ボックスにファイル名を入力します

(!) ここでは第2章で作成した「練習」を探します

3 目的のファイルの > を左クリックします

検索すると、ファイルやWeb上の情報などが表示されます

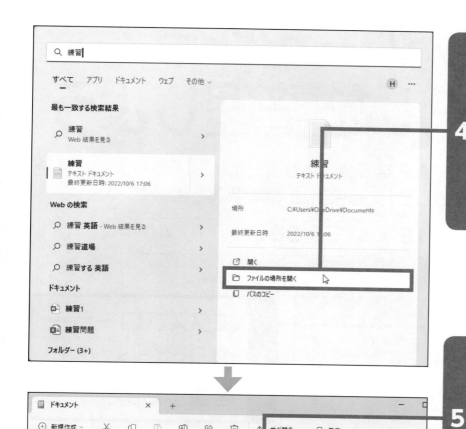

□ ファイルの場所を開く を
左クリックします

4

⚠ ファイル名または ⧉ 開く
を左クリックすると、「メ
モ帳」アプリが起動して、
ファイルが表示されます

5 エクスプローラー
が表示され、ファ
イルを探すことが
できました

おわり

Column エクスプローラーで検索する

エクスプローラーを表示して（24ページ参照）、検索場所を
左クリックします。検索ボックスにファイル名（一部）を入力
すると、該当するファイルが表示されます。

フォルダーを作って
ファイルを整理しよう

ファイルの数が多くなると、必要なファイルが見つけにくくなります。用途に合わせてフォルダーを作成して、ファイルを整理するとよいでしょう。

操作に迷ったときは… 左クリック **19**ページ キー **36**ページ 入力 **40**ページ

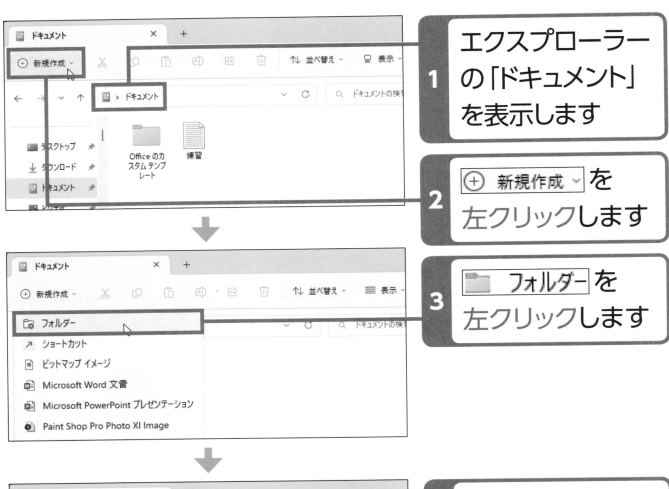

1 エクスプローラーの「ドキュメント」を表示します

2 ⊕ 新規作成 ∨ を左クリックします

3 📁 フォルダー を左クリックします

4 新しいフォルダーが作成されました

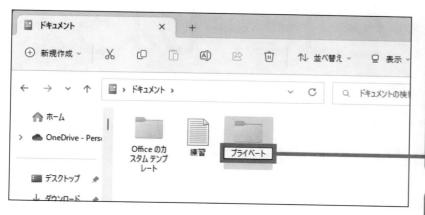

5 フォルダー名を入力します

① ここでは「プライベート」と入力します

6 Enter キーを押します
エンター

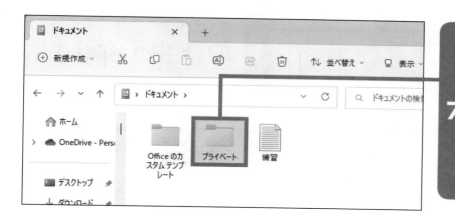

7 フォルダー名が付きました

① 同じ場所に同じ名前のフォルダーやファイルは作れません

おわり

Column ファイルやフォルダーの表示方法

エクスプローラーのファイルやフォルダーの表示は、アイコンや一覧などに変更することができます。 表示 を左クリックして、表示方法を選択します。

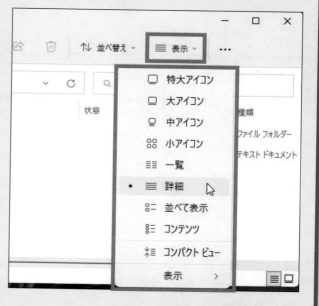

ファイルをコピーしよう／移動しよう

ファイルやフォルダーは、コピー（複製）したり移動したりすることができます。ここでは、新しく作成したフォルダーにファイルをコピーしてみましょう。

操作に迷ったときは… ▶ 左クリック **19** ページ ダブルクリック **20** ページ

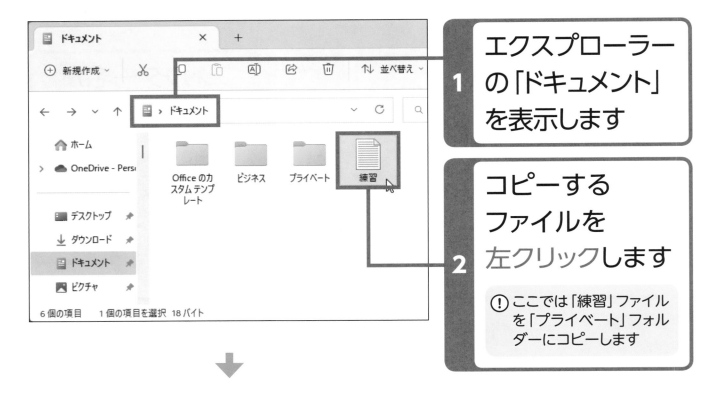

1 エクスプローラーの「ドキュメント」を表示します

2 コピーするファイルを左クリックします

⚠ ここでは「練習」ファイルを「プライベート」フォルダーにコピーします

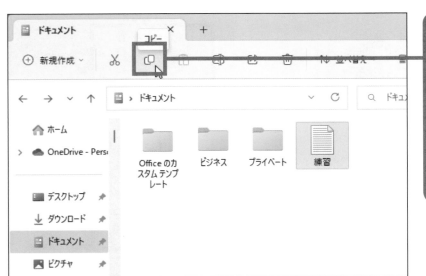

3 コピー
🗒 を
左クリックします

⚠ ファイルを移動する場合は、✂ を左クリックして切り取ります

「プライベート」
フォルダーを
ダブルクリック
します **4**

「プライベート」
フォルダーが
開きました **5**

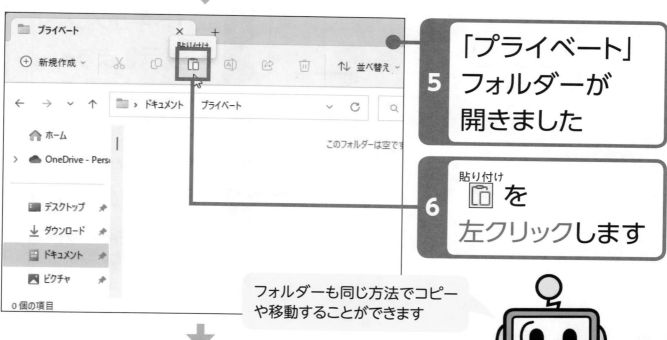

貼り付け
📋 を
左クリックします **6**

フォルダーも同じ方法でコピー
や移動することができます

「練習」ファイル
がコピーされま
した **7**

おわり

ファイルを削除して ごみ箱に捨てよう

不要になったファイルやフォルダーは、削除しましょう。削除したファイルや フォルダーはいったん「ごみ箱」に捨てられますが、戻すことも可能です。

操作に迷ったときは… 左クリック **19** ページ 右クリック **19** ページ キー **36** ページ

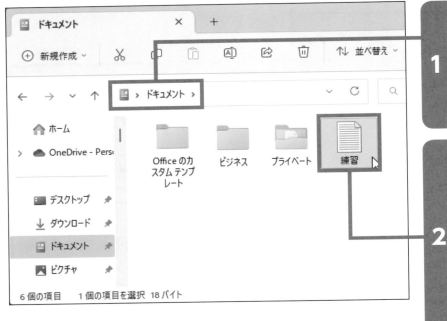

1 エクスプローラーの「ドキュメント」を表示します

2 削除するファイルを左クリックします

⚠ ここでは「練習」ファイルを削除します

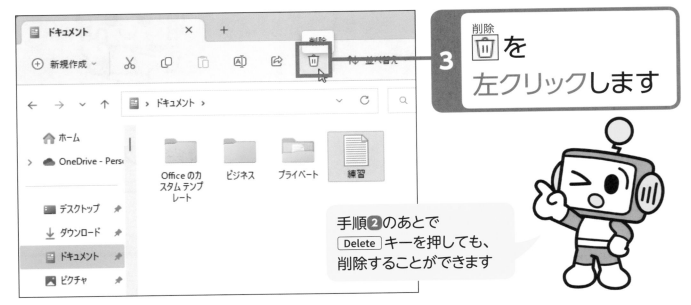

3 を左クリックします

手順**2**のあとで Delete キーを押しても、削除することができます

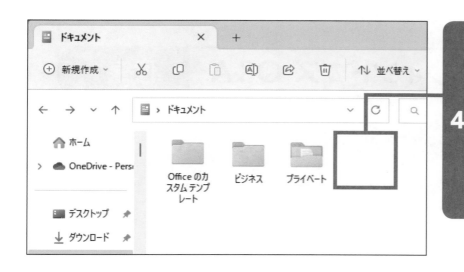

4 ファイルが
削除されました

⚠ ファイルを誤って削除した場合、もとに戻すことができます。下のコラムを参照してください

おわり

Column 「ごみ箱」からもとの保存場所に戻す

削除したファイルやフォルダーはいったん「ごみ箱」に移動されます。もとに戻したい場合は、以下のように操作します。なお、🗑 ごみ箱を空にする を左クリックすると「ごみ箱」の中身がすべて消去され、もとに戻すことができなくなります。

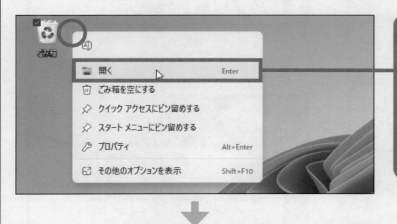

1 デスクトップの
🗑 を右クリック
して、📁 開く を
左クリックします

2 ファイルを
右クリックして、
↩ 元に戻す を
左クリックします

知っておきたいウィンドウズ Q&A 　付録1

Q アプリをデスクトップからすばやく起動したい!

A タスクバーにアプリのアイコンを登録しておくと、アプリがすばやく起動できます。

●アプリ一覧から登録する

1 スタートメニューまたは「すべてのアプリ」を表示します

2 タスクバーに登録したいアプリを右クリックします

3 タスクバーにピン留めする を左クリックします

4 タスクバーにアイコンが登録されました

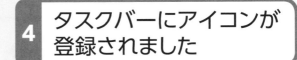

●起動したアプリから登録する

1 アプリを起動します

2 アプリのアイコンを右クリックします

3 タスク バーにピン留めする を左クリックします

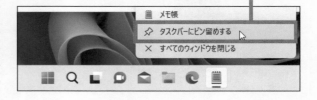

勝手にパソコンの電源が切れてしまう!

 ディスプレイの電源が切れるまでの時間と、パソコンを節電状態で待機するスリープ状態の時間を変更します。

1 スタートメニューの
設定
🔘 を左クリックします

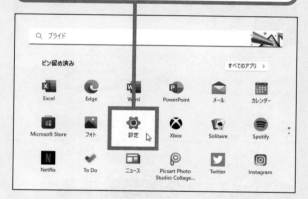

2 設定画面が
表示されます

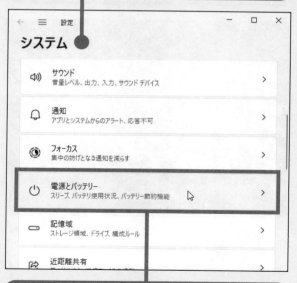

3 電源とバッテリー
スリープ、バッテリ使用状況、を
左クリックします

4 🖥 画面とスリープ を
左クリックします

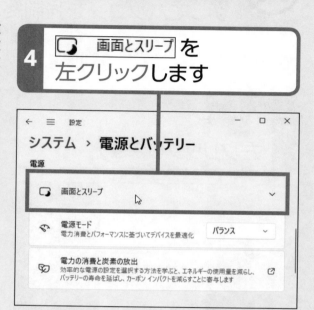

5 各項目を左クリックして、
時間を指定します

⚠ 無効にする場合は「なし」を指定します

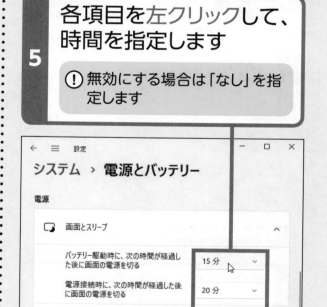

画面が動かなくなって操作できない!

「タスクマネージャー」画面を開いて、アプリを終了させて再起動します。この画面も表示できない場合は電源を切ってパソコンを強制終了します。

●タクスマネージャーを利用する

1 スタート
██ を
左クリックします

2 タスク マネージャー を
左クリックします

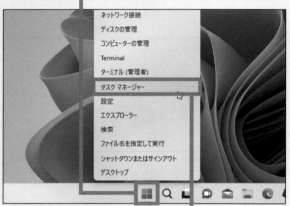

3 応答しないアプリを
左クリックします

⚠ 右クリックして タスクの終了(E) を
左クリックしてもOKです

4 ⊘ タスクを終了する を左クリッククすると、アプリが終了します

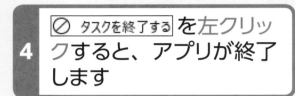

●パソコンを再起動する

1 Ctrl と Alt と Delete キーを同時に押します

2 ⏻ を左クリックします

3 ↻ 再起動 を
左クリックします

通知を確認して削除したい!

 新規通知または通知領域をクリックすると、通知内容が表示されます。個別／すべての通知を削除できます。

●通知を確認する

1 通知が届くと、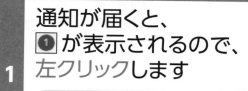 が表示されるので、左クリックします

⚠ あるいは、通知領域（日付部分）を左クリックします

2 通知内容が表示されます

●通知を削除する

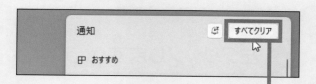

すべて削除するには、すべてクリア を左クリックします

個々の通知を削除するには、☒ を左クリックします

●通知を受け取らない

1 通知領域を右クリックします

2 通知設定 を左クリックします

3 ここを左クリックしてオフにします

Q 最初に表示されるホームページを変更したい!

A ブラウザーを開いたときに表示されるホームページは、「設定」ウィンドウで変更できます。

1 マイクロソフトエッジを開いて、設定など┊...┊を左クリックします

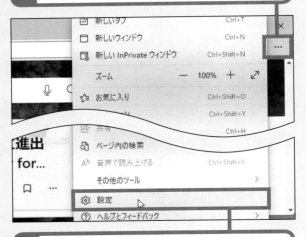

2 ⚙ 設定(S) を左クリックします

3 📖 [スタート]、[ホーム]、および [新規] タブ を左クリックします

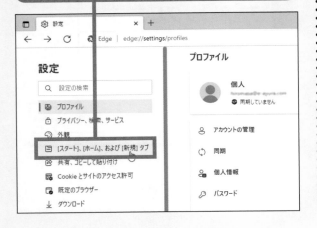

4 ◯ これらのページを開く: を左クリックします

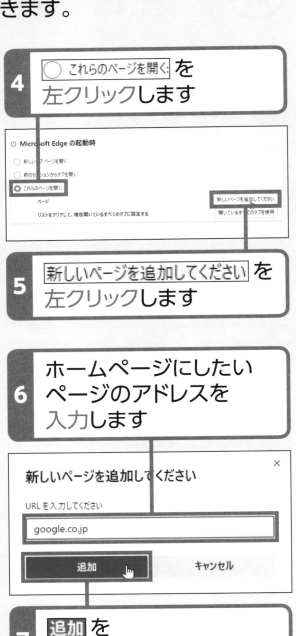

5 新しいページを追加してください を左クリックします

6 ホームページにしたいページのアドレスを入力します

新しいページを追加してください ✕

URL を入力してください

google.co.jp

追加　　　キャンセル

7 追加 を左クリックします

8 ホームページが変更されます

いろいろな記号を入力したい!

A 記号の名称（読み）や「きごう」を変換して記号候補を表示させます。また、絵文字も入力できます。

●記号の読みを変換する

1 「ほし」と入力して変換候補を表示します

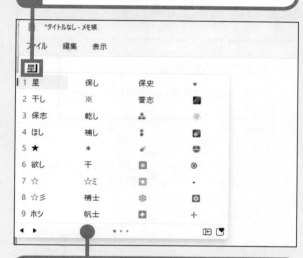

2 ほしの記号が表示されます

⚠ 以下のように読みから変換できます

読み	記号
まる	● ○ ◎
さんかく	▲ ▼ △ ▽
やじるし	↓ ↑ → ← ⇔
かっこ	【 】 『 』（ ）
たんい	℃ ㌔ Å
おなじ	〃 々

●「きごう」を変換する

1 「きごう」と入力して変換候補を表示します

2 記号が表示されます

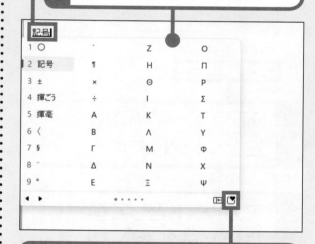

3 ここを左クリックします

4 絵文字も選択できます

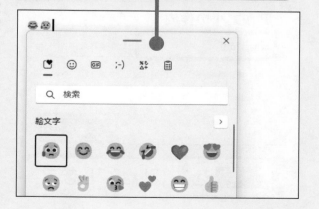

Microsoftアカウントを作成する　付録2

ウィンドウズに付属の「メール」アプリなどを利用するには、Microsoftアカウントが必要です。Microsoftアカウントは無料で取得できます。

1 アカウント作成ページ (https://signup.live.com) を表示します

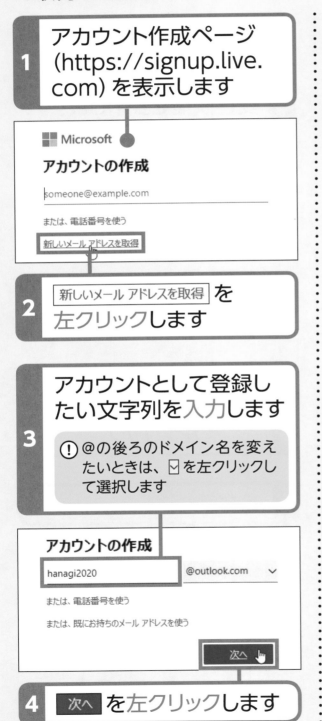

2 新しいメール アドレスを取得 を左クリックします

3 アカウントとして登録したい文字列を入力します

⚠ @の後ろのドメイン名を変えたいときは、☑ を左クリックして選択します

4 次へ を左クリックします

5 パスワードを入力します

⚠ 8文字以上で、英字の大文字、小文字、数字、記号のうち、2種類以上を含んでいる必要があります

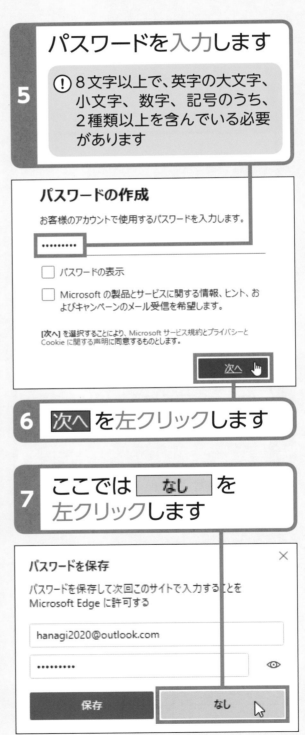

6 次へ を左クリックします

7 ここでは なし を左クリックします

8 画像で表示されている文字を読んで入力します

> ⚠ 文字が読みにくい場合は、新規 を左クリックすると、文字を変更できます

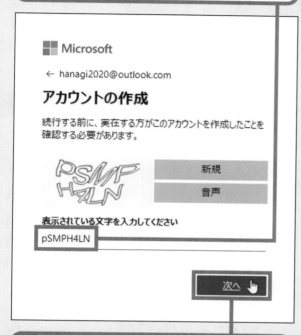

Microsoft

← hanagi2020@outlook.com

アカウントの作成

続行する前に、実在する方がこのアカウントを作成したことを確認する必要があります。

PSMPH4LN

新規
音声

表示されている文字を入力してください

pSMPH4LN

次へ 🖑

9 次へ を左クリックします

10 はい を左クリックします

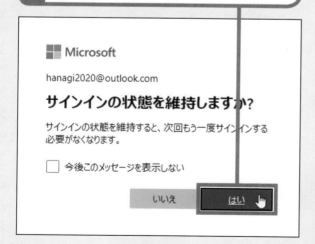

Microsoft

hanagi2020@outlook.com

サインインの状態を維持しますか?

サインインの状態を維持すると、次回もう一度サインインする必要がなくなります。

☐ 今後このメッセージを表示しない

いいえ　　はい 🖑

11 Microsoftアカウントが作成されました

12 ⚠ 名前を追加する を左クリックします

13 アカウントの名前を入力します

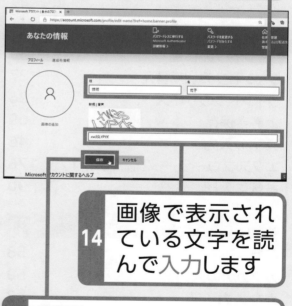

14 画像で表示されている文字を読んで入力します

15 保存 を左クリックします

189

INDEX 索引

お問い合わせについて

本書に関するご質問については、本書に記載されている内容に関するもののみとさせていただきます。本書の内容と関係のないご質問につきましては、一切お答えできませんので、あらかじめご了承ください。また、電話でのご質問は受け付けておりませんので、必ずFAXか書面にて下記までお送りください。
なお、ご質問の際には、必ず以下の項目を明記していただきますようお願いいたします。

1 　お名前
2 　返信先の住所またはFAX番号
3 　書名
　　（大きな字でわかりやすい　パソコン入門
　　ウィンドウズ11対応版）
4 　本書の該当ページ
5 　ご使用のOSとソフトウェアのバージョン
6 　ご質問内容

お送りいただいたご質問には、できる限り迅速にお答えできるよう努力いたしておりますが、場合によってはお答えするまでに時間がかかることがあります。また、回答の期日をご指定なさっても、ご希望にお応えできるとは限りません。あらかじめご了承くださいますよう、お願いいたします。
ご質問の際に記載いただいた個人情報はご質問の返答以外の目的には使用いたしません。また、返答後はすみやかに破棄させていただきます。

■お問い合わせの例

FAX

1 お名前
　　技術　太郎

2 返信先の住所またはFAX番号
　　03-XXXX-XXXX

3 書名
　　大きな字でわかりやすい
　　パソコン入門
　　ウィンドウズ11対応版

4 本書の該当ページ
　　81ページ

5 ご使用のOSとソフトウェアのバージョン
　　Windows 11
　　Microsoft Edge

6 ご質問内容
　　[戻る]がない

大きな字でわかりやすい　パソコン入門
ウィンドウズ11対応版

2023年2月28日　初版　第1刷発行
2024年6月16日　初版　第2刷発行

著　者●AYURA
発行者●片岡　巌
発行所●株式会社　技術評論社
　　　　東京都新宿区市谷左内町21-13
　　　　電話　03-3513-6150　販売促進部
　　　　　　　03-3513-6160　書籍編集部
本文デザイン●アーク・ビジュアル・ワークス
カバーイラスト・本文イラスト●コルシカ
編集／DTP●AYURA
担当●青木　宏治
製本／印刷●大日本印刷株式会社

定価はカバーに表示してあります。

落丁・乱丁がございましたら、弊社販売促進部までお送りください。交換いたします。
本書の一部または全部を著作権法の定める範囲を超え、無断で複写、複製、転載、テープ化、ファイルに落とすことを禁じます。

©2023　技術評論社

ISBN978-4-297-13310-8 C3055
Printed in Japan

問い合わせ先

〒162-0846
東京都新宿区市谷左内町21-13
株式会社技術評論社　書籍編集部
「大きな字でわかりやすい　パソコン入門
ウィンドウズ11対応版」質問係
FAX番号　03-3513-6167

URL：https://book.gihyo.jp/116